CHRISTEL LÖFFLER

Charakter — typen

Persönlichkeitsanalyse
von Mensch und Hund
Für ein besseres Verständnis
und Training

KOSMOS

Inhalt

6 Eine Reise zur eigenen Persönlichkeit

6 Wenn Erwartungen im Weg stehen

10 Spiegeln von Verhalten

10 Führen und Verstehen – ein Spagat

11 Die Mensch-Hund-Beziehung

12 PERSÖNLICHKEIT: MENSCH

14 Das Vier-Typen-Persönlichkeitsmodell

15 Auf dem Weg zu Authentizität

15 Die vier Charaktere

16 EXTRA Charaktertypen bei einem Seminar

18 Anwendung des Modells

20 Persönlichkeitsvielfalt

22 EXTRA Fragen zur Selbstreflexion

23 Persönlichkeitsmodell – eine Orientierungshilfe

23 Verständnis für Bedürfnisse

25 Glaubenssätze, Antreiber und Werte

26 EXTRA Glaubenssätze und Antreiber

28 Ein Modell ist ein Modell …

29 Modelle kritisch betrachtet

32 EXTRA Fragebogen zu Verhaltensdimensionen

34 Charakter 1: Die Macher

35 Charakter 2: Die Extrovertierten

36 Charakter 3: Die Teamplayer

37 Charakter 4: Die Gewissenhaften

38 Verhaltenstendenzen Mensch im Überblick

40 EXTRA Zuordnungstest

41 Wir sind bunt – die Mischung machts!

45 Wie erkenne ich mein Gegenüber?

46 EXTRA Test zur Selbstreflexion

48 PERSÖNLICHKEIT: HUND

50 Verhaltenstendenzen und ihre Wirkung

51 Einzigartigkeit unserer Hunde

54 Zwei Schwestern, zwei Welten

56 EXTRA Die vier Charaktere

64 Verhaltenstendenzen Hund im Überblick

66 EXTRA Fragebogen: Wie reagiert dein Hund?

68 EXTRA Verhaltenstypen M, E, T und G erkennen

80 Erkenne die Persönlichkeit deines Hundes

87 Sind Hunde unsere Freunde?

88 DER HUND IM TRAINING

90 Was bedeutet Training?

91 Allgemeine Trainingsansätze

94 EXTRA Gedanken zum Training

95 **Angst und Unsicherheiten**

96 Charaktere bei „Furcht vor Menschen“

101 Der Angst begegnen

102 EXTRA Das Dramadreieck

105 **Jagdverhalten**

107 Drei Faktoren des Trainings

112 Hunde sinnvoll ins Leben integrieren

116 **Pöbeln an der Leine**

116 Verhaltenstests zur Ursachenfindung

118 Effektive Trainingsansätze

123 **Führung übernehmen**

123 Führung braucht Kommunikation

126 Führen von Hundegruppen

130 Grenzen setzen

131 Konflikte führen

134 **Gesundheit – wenn Verhalten nicht nur Kopfsache ist**

134 Körpersprache als Warnsignal

138 **Die Mischung macht das Team**

138 Konstellationen Mensch – Hund

144 Verhaltensstrategien von Hundehaltenden

146 **Zusammenleben mehrerer Hunde**

147 Eine Frage des Alters

149 Eine Frage des Geschlechts

149 Charaktere im Team

151 Welcher Hund passt zu mir?

152 **Eigene Motivation im Hundetraining**

154 Die M's –Stärken gezielt nutzen

155 Die E's – Motivation durch Spaß

156 Die T's – Erfolg durch Unterstützung

157 Die G's – Sicherheit durch Struktur

158 EXTRA Test für dein Motivationsraster

159 Die Geschichte vom kleinen Engelchen

160 Was wir lernen können

162 Kontakt zu Fremdpersonen

163 Kommunikation in einer Gruppe

164 Hundebegegnungen

166 Exkurs: Tiergestützte Arbeit und das Model

166 Warum sind Hunde gute Co-Trainer?

168 Zum Abschluss und zum Neuanfang

170 SERVICE

170 Literatur, zum Weiterlesen, Webinare und Social Media

171 Über die Autorin und Dank

172 Auflösung der Tests

174 Register

176 Impressum

EINE REISE ZUR EIGENEN PERSÖNLICHKEIT

Die sommerlichen Dünen von Dänemark und der erste Schnee im Schwarzwald – zwei Orte, zwei Momente, ein leeres Blatt vor mir. Ein leeres Blatt, das mir zuflüstert: „Schreib ein Buch!"

„Schreib doch mal ein Buch, das ist doch ganz einfach", haben sie gesagt. *„Das schüttelst du aus dem Ärmel"*, haben sie gesagt. Komischerweise hat mir niemand erzählt, dass so ein Buch sich ganz schön sträuben kann, bevor es aufs Papier will. Aber genug gejammert – ich fange einfach an!
Vielleicht damit, dass wir uns kennenlernen? Schließlich haben wir eine gemeinsame Reise vor uns – eine Reise zu dir, deiner Persönlichkeit, der Persönlichkeit deines Hundes und eurer einzigartigen Mensch-Hund-Beziehung. Ich hoffe, das *„Du"* ist okay – schließlich gehen wir ein gutes Stück zusammen durch dieses Buch. Wir werden über deine Persönlichkeit, deine Gefühle, deine Träume, deine Sehnsüchte und über den Charakter deines Hundes und deine Beziehung zu ihm reden. Und per Du ist es viel persönlicher.

Deutlich sieht man, wie lieb sie den Rüden hat, obwohl er nur zum „Freundeskreis" gehört.

WENN ERWARTUNGEN IM WEG STEHEN

Ich erlebe es immer wieder: Menschen, die mit ihren Hunden unzufrieden sind, und Hunde, die mit ihren Menschen überfordert wirken. Wir sind, wie auch Hunde, soziale Lebewesen. Das beinhaltet Gemeinschaft, Freundschaften, Familie und tiefe Verbundenheit in unserem Leben. Ohne das Gefühl, verbunden zu sein, fehlt uns ein wichtiger Teil. Manchmal ist es ein Tier, das uns auf unserem Weg begleitet, das zu einem Freund wird und zu einem Stück Familie. Die Beziehung zu ihm kann uns bereichern, uns spiegeln, uns wachsen lassen. Dieses Buch soll dir helfen, diese Verbindung so glücklich und erfüllend wie möglich zu gestalten – für beide Seiten.

Abby ist noch etwas unsicher im Kontakt mit ihrer neuen Freundin Nina.

Schließlich teilen wir unser Leben oft über ein Jahrzehnt mit unseren Hunden und leben teilweise eng zusammen.
Wir wünschen uns einen Vierbeiner, der uns versteht, mit uns harmoniert und perfekt in unser Leben passt. Doch manchmal sieht die Realität ganz anders aus:
Der Hund zieht an der Leine, bellt wie verrückt oder ignoriert uns gekonnt. Und statt Harmonie gibt es Stress.
Die Probleme sind vielfältig und manchmal sind es unsere eigenen Erwartungen, die unserer Beziehung im Weg stehen.
Wir erwarten, dass unser Hund sich an unsere Welt anpasst. Dass er brav, gehorsam und freundlich zu jedem ist – während wir selbst oft nicht mal genau wissen, was wir eigentlich wollen und auch nicht immer freundlich, entspannt und geduldig sind.
Nicht umsonst gibt es Seminare (für uns Menschen) zum Thema Work-Life-Balance, Achtsamkeit und Stressreduktion.
Es ist notwendig, dass du deinen Hund in seinen Tiefen erkennst – nicht nur in seinem Verhalten, sondern auch in dem, was ihn im Innersten ausmacht. Die Frage, die wir beantworten sollten: Was möchte er mit seinem Verhalten erreichen? Ein Beispiel: Ein Hund, der einen Menschen anknurrt, kann dies aus völlig unterschiedlichen Gründen tun. Er könnte das Gefühl haben, dass dieser Mensch seinen Status nicht anerkennt oder sein Territorium betritt. Er könnte sich bedroht fühlen oder er spürt, dass sein Mensch ein Problem mit dieser Person hat. Man muss also erst einmal der Ursache auf den Grund gehen, um dann richtig reagieren und trainieren zu können.

»Eine Beziehung ist eine ständige Balance zwischen Nähe und Distanz, zwischen Liebe und Freiraum.«

Pina und mich verbindet die Freude am gemeinsamen Spiel. Distanz dient dazu, Spannung aufzubauen.

SPIEGELN VON VERHALTEN

Wir leben mit unseren Hunden in einem Beziehungsgeflecht und das bedeutet, dass unser eigenes Empfinden sich in seinem Verhalten widerspiegeln kann. Unsere Unsicherheit kann ihn verunsichern, unsere Ruhe kann ihn beruhigen, unsere Freude kann ihn mitreißen. Nur wenn wir das verstehen, können wir ein faires, dem Wesen des Hundes angepasstes Training gestalten – voller Liebe und Verständnis, aber auch mit Klarheit und überlegten Ge- und Verboten. Dieses Buch soll nicht nur einen Blick auf den Hund werfen, sondern auch auf uns – auf unser Können, unser Unvermögen, unsere Stärken und unsere Motive und Ziele.

FÜHREN UND VERSTEHEN – EIN SPAGAT

Es ist wichtig zu verstehen, dass der Hund seinen eigenen Charakter, seine Stärken und Schwächen mitbringt. Wir sind für ihn so eine Art Erziehungsberechtigte, Manager, Lehrer – aber auch Lernende. Wer genau hinsieht, wird feststellen, wie viel wir von unseren Hunden lernen können: nicht nur Geduld, Achtsamkeit, das Leben im Moment, sondern auch unsere eigenen Stärken und Schwächen, Gefühle, die wir gerne verbergen, sogar vor uns selbst, Ängste und Hemmungen. Im Kontext mit einem anderen Beziehungspartner, der kein menschliches Wesen ist, legen wir unsere Schutzmechanismen, unsere Erfahrungen ab und reißen unsere Mauern ein. Deshalb können Hunde unsere emotionalen Schutzschilde unterlaufen. Und doch sind wir diejenigen, die in dieser Welt, in der wir leben, die Verantwortung tragen. Wir müssen dem Hund zeigen, was möglich ist und was nicht. Dieser Spagat – zwischen Führen und Verstehen, zwischen Klarheit und Liebe – ist nicht immer leicht. Aber genau darin liegt die wahre Verbindung. Eine, die dieses Buch vielleicht ein Stück greifbarer macht.
Ich möchte dir helfen, nicht nur deinen Hund, sondern auch dich selbst besser zu verstehen. Denn erst wenn wir unsere eigenen Stärken, Schwächen und Verhaltensmuster kennen, können wir nachvollziehen, wie wir auf unseren Hund wirken – und wie wir eine richtig gute Beziehung zu ihm aufbauen.
Jedem Anfang wohnt ein Zauber inne … also werden wir heiter Raum um Raum bzw. Kapitel um Kapitel durchschreiten. Den Anfang macht die Persönlichkeit des Menschen, die Stärken und Schwächen, deine Empfindungen, wenn es um eure Beziehungen geht, und die Erwartungen. Danach folgt die Persönlichkeit und der Charakter des Hundes, was dann zu der Beziehung zwischen Mensch und Hund übergeht, um in konkreten Trainingstipps und Ideen für eine optimale Bindung zu enden.

DIE MENSCH-HUND-BEZIEHUNG

Hunde und Menschen teilen eine lange Geschichte der Kameradschaft, die sich über Tausende von Jahren erstreckt. Es ist nicht ungewöhnlich, dass sich artübergreifende Beziehungen entwickeln.

Dies klappt in der Geschichte von Mensch und Hund sicher so gut, weil beide Arten in Gruppen leben und darauf angewiesen sind, starke emotionale Bindungen aufzubauen, auf die Bedürfnisse und das Wohlbefinden des anderen einzugehen und Konflikte zu klären. Eine Gruppe bietet Schutz, Sicherheit und die Möglichkeit, gemeinsam zu jagen oder Junge aufzuziehen. Somit hat ein Leben in einer Gruppe viele Vorteile.

Die Fähigkeit zur Empathie, das Bedürfnis nach sozialer Interaktion und die Suche nach Schutz und Sicherheit, sind grundlegende Aspekte, die Menschen und Hunde miteinander teilen.

Trotz aller Vorteile ist es nicht einfach, in einer Gruppe zu leben. Eine Gruppe zu erhalten, verlangt gegenseitiges Aufeinanderzugehen. Die Beziehung zwischen dir und deinem Hund ist eine einzigartige Verbindung, die auf gegenseitigem Verständnis, Respekt und den gemeinsamen Bedürfnissen nach Zuneigung, Sicherheit und Gesellschaft basiert. Im Vergleich dazu ist die Beziehung zu einem Goldfisch eher unkompliziert, weil sich Fragen wie Distanz und Nähe nicht stellen. Oder weil wir uns nicht die Frage stellen müssen, ob wir diesen Hund so lieben, weil wir so viele charakterliche Gemeinsamkeiten haben, oder weil er Charaktereigenschaften hat, die wir bewundern. Deshalb ist es spannend, dass nicht nur die Unterschiede zwischen unseren Spezies eine Herausforderung darstellen, sondern tatsächlich die Ähnlichkeit in unseren grundlegenden Bedürfnissen, die dadurch allerdings auch eine tiefe und bereichernde Beziehung ermöglicht.

Die Spannung entlädt sich im spielerischen Zubeißen. Das erfordert Vertrauen auf beiden Seiten.

PERSÖNLICHKEIT: MENSCH

Ein vorsichtiges, rücksichtsvolles und sehr zugewandtes Kennenlernen von beiden Seiten.

DAS VIER-TYPEN-PERSÖNLICHKEITSMODELL

Dieser erste Teil des Buches lädt dich ein, nicht nur deinen Hund, sondern auch dich selbst besser kennenzulernen und einzuschätzen. Dadurch kannst du entscheiden, was du verändern möchtest.

Es hilft dir, deine eigenen Emotionen zu verstehen – warum du vielleicht wütend, unsicher oder hilflos auf das Verhalten deines Hundes reagierst. Welche inneren Trigger dabei ausgelöst werden und mit welchen eigenen Themen du dabei zu kämpfen hast, oft unabhängig vom Hund selbst. Durch dieses gegenseitige Verständnis kannst du eine Beziehung aufbauen, die auf realistischen Erwartungen, Respekt, Klarheit und Liebe basiert. Nur so werden du und dein Hund zu einem echten Team, in dem jeder die Stärken und Schwächen des anderen versteht. Empathie mit dem Hund kann dadurch wachsen, dass wir uns achtsam unsere eigenen Gefühle eingestehen. Lassen wir unsere eigenen Gefühle nicht zu oder verdrängen sie, ist es schwieriger, die Gefühle von anderen nachzuempfinden und zu verstehen.

Beziehungen brauchen Zeit.

AUF DEM WEG ZU AUTHENTIZITÄT

Ein Schlüssel zu einer erfolgreichen Beziehung mit deinem Hund, liegt in der Authentizität. Sich selbst besser kennenzulernen heißt, sich zu erkennen und auch zu verstehen, warum du in bestimmten Situationen auf diese Art und Weise reagierst. Dieses Wissen ermöglicht es dir, dein Verhalten und deine Reaktionen besser zu steuern.
Du bewältigst Konflikte gelassener, weil du zu dir selbst stehst. Du bleibst gelassen, weil du im Einklang mit dir selbst bist. Das macht dich stark, du wirkst sehr klar in deinen Handlungen und strahlst zugleich Empathie aus. Du bleibst verbunden mit deinem Gegenüber. Das ist nicht nur im Hundetraining wichtig, sondern auch in unseren Mensch-Mensch-Beziehungen.

DIE VIER CHARAKTERE

Die bunten Szenen, die sich morgens im Seminarraum abspielen, wenn Teilnehmende mit ihren Hunden eintreffen, sind für mich ein lebendiges Beispiel für die Vielfalt menschlicher Persönlichkeiten.
Die Art und Weise, wie die Teilnehmenden den Raum betreten, sich vorbereiten oder mit anderen interagieren, spiegeln die unterschiedlichen Persönlichkeiten wider. Diese Momente geben mir wertvolle Einblicke in die Dynamik zwischen Mensch–Mensch und Mensch–Hund. Sie unterstreichen die Bedeutung eines jeden Persönlichkeitstyps in unserem Miteinander.

SPANNENDER BEGINN EINES SEMINARS

Am Samstagmorgen, kurz vor zehn, eile ich in den Seminarraum. Dort haben sich bereits einige Teilnehmende eingefunden. Schon im Vorfeld finde ich Freude daran, die Menschen in ihrer Verschiedenartigkeit zu entdecken. Während ich meinen Laptop starte, beginnt um mich herum das Leben. Einige stehen lachend und plaudernd an der Kaffeemaschine, tauschen Erfahrungen aus und genießen den Moment. Andere, vielleicht mit einer Freundin, die sie mitgebracht haben, ergänzen die Runde. Eine Teilnehmerin stellt mitgebrachten Kuchen auf den Kaffeetisch. Wieder andere, direkt vor mir, sind mit gespitzten Bleistiften und Notizblöcken bestens vorbereitet – perfekt gerüstet für den Tag.
Jeder Charaktertyp, jedes Verhalten ist ein wichtiger Bestandteil des Seminars, macht es lebendiger und füllt es mit differenzierten Wahrnehmungen. Ohne die Unterschiedlichkeit meiner Teilnehmenden wäre so ein Seminar nicht nur langweiliger, sondern auch nicht so tief in den Empfindungen und Ideen.

EXTRA

CHARAKTERTYPEN BEI EINEM SEMINAR

Die Einteilung in die vier Farbtypen – Macher (Rot), Extrovertierte (Gelb), Teamplayer (Grün) und Gewissenhafte (Blau) – soll dir helfen, deine Menschenkenntnis zu verbessern und dein eigenes Verhalten und das der anderen besser zu verstehen und jeden, auch dich selbst, besser in den Stärken und Schwächen anzunehmen. Diese Erkenntnis ermöglicht es dir, z. B. als Teamleiter*in, jeden dort einzusetzen, wo er/sie die beste Leistung erbringen kann.
Bei den Illustrationen der vier Charaktere haben wir zwei männliche und zwei weibliche Personen gewählt. Hier sind jedoch bei allen Charakteren alle Geschlechter gemeint.

DIE MACHER (ROT)

Die Macher sind sehr zielorientiert und wenig personenbezogen. Sie wissen genau, was sie wollen und stehen für Effizienz und Produktivität. Sie setzen sich oft direkt nach vorne, um keine Information zu verpassen und ihre Fragen sofort platzieren zu können. Die Macher treiben die Gruppe voran, sorgen dafür, dass die Ziele des Seminars nicht verlorengehen und jeder beim Thema bleibt. Passiert dies nicht, scheuen sie keinen Konflikt – auch nicht mit dem Referierenden. Mit ihrer klaren Vision und ihrem starken Fokus tragen die Macher maßgeblich dazu bei, dass das Seminar erfolgreich und zielgerichtet verläuft.

Die Macher (Rot)

Die Extrovertierten (Gelb)

DIE EXTROVERTIERTEN (GELB)

Die Extrovertierten sind die Gute-Laune-Bringer einer jeden Veranstaltung. Mit ihrer lebhaften und geselligen Art sorgen sie für gute Stimmung und bringen Menschen zusammen. Im Seminarraum erkennt man sie sofort an ihrem Lachen und einer Gruppe, die sich um sie schart. Sie genießen Kaffee und Kuchen in vollen Zügen und teilen diesen Genuss gerne mit anderen.
Die Extrovertierten sind Meister darin, Gruppen zu formen und gehen offen auch auf unbekannte Menschen zu. Ihre herzliche und zugängliche Art macht sie zu einem unverzichtbaren Element, das für eine lockere und angenehme Atmosphäre sorgt, in der sich jeder sofort wohlfühlt.

DIE TEAMPLAYER (GRÜN)

Wie die Extrovertierten sind die Teamplayer personenbezogen, jedoch in fremder Umgebung erst einmal introvertiert. Die Teamplayer sind eher die stille Kraft, sie agieren im Hintergrund und kümmern sich um das Wohl aller. Sie zeichnen sich durch ihre Fürsorglichkeit und ihr Bestreben aus, für Harmonie im Team zu sorgen. Die Person, die den Kuchen mitbringt und sich diskret um die Bedürfnisse anderer kümmert, verkörpert einen Teamplayer perfekt. Im Seminar spielen sie eine entscheidende Rolle, indem sie auf eine zurückhaltende Art eine unterstützende Umgebung schaffen, in der sich jeder geschätzt und verstanden fühlt. Die Teamplayer sind wichtig, um eine inklusive und positive Seminarerfahrung zu gewährleisten.

DIE GEWISSENHAFTEN (BLAU)

Anders als die Macher sitzen die Gewissenhaften eher hinten und gerne immer am selben Platz im Seminarraum. Sie sind immer pünktlich, ihr Arbeitsbereich ist penibel organisiert, mit gespitzten Bleistiften und einem Notizblock voller Fragen für den Tag. Die Gewissenhaften schätzen Ordnung und Vorbereitung und sind immer bereit, mit den notwendigen Materialien auszuhelfen. Sie lieben die Struktur, sind ruhig, methodisch und detailorientiert. Konflikte vermeiden sie, wenn möglich. Wie die Teamplayer, sind sie eher introvertiert.

Die Teamplayer (Grün)

Die Gewissenhaften (Blau)

Die lockere Körpersprache dieser Gruppe zeigt, dass sich die Menschen kennen und verstehen.

»Der Mut zur Selbsterkenntnis verrät Charakterstärke.«

Ernst Ferstl

Jeder Seminarteilnehmende bringt etwas Einzigartiges in das Seminar ein, sei es Charakter, Verhaltensweisen oder individuelle Ziele. Diese Vielfalt bereichert Seminare und ermöglicht es jedem, seine Stärken einzubringen. Die Verschiedenheit der Charaktere und die daraus resultierenden unterschiedlichen Verhaltensweisen und Wünsche sind es, die die Menschlichkeit ausmachen und unser Verständnis füreinander vertiefen.
Kommen die Teilnehmenden morgens mit ihren Hunden an, gewinne ich einen ersten Eindruck von den Teilnehmenden und ihren Hunden. Vom Pünktlichen, der wirklich an alles gedacht hat, über den Fragestellenden, der ganz vorne in der ersten Reihe sitzt, bis hin zum Spätankömmling, der die Gruppe mit seiner lustigen Art auflockert – jeder hat seine Stärken und möchte zum Gelingen des Seminars beitragen.
Ich zeige dir, wie jeder von uns sich aus einem Mosaik von Verhaltensdimensionen zusammensetzt: Denn wir sind bunt! Wir sind gleichzeitig Macher, Extrovertierte, Gewissenhafte und Teamplayer in unterschiedlicher Ausprägung. Diese vielfältigen Aspekte unserer Persönlichkeit führen dazu, wie wir uns selbst und unsere vierbeinigen Gefährten im Alltag führen und verstehen.

ANWENDUNG DES MODELLS

Ich habe mich entschieden, das Vier-Typen-Persönlichkeitsmodell zu verwenden, da es intuitiv verständliche Konzepte wie Macher, Extrovertierte, Teamplayer und Gewissenhafte bietet. Diese Begriffe wecken sofort bestimmte Assoziationen und Bilder, die das Verständnis der zugrundeliegenden Prinzipien erleichtern. Um die Navigation durch das Buch zu vereinfachen und die Anwendung des Modells zu visualisieren, dienen die Farben als Leitfaden, der dich durch alle Texte begleitet.

- Für die **Macher (Rot)** habe ich Zusammenfassungen, Markierungen und klare Umsetzungsanweisungen bereitgestellt. Diese ermöglichen es dem Macher-Typ, schnell zu verstehen, was zu tun ist, um Erfolg zu haben und die Inhalte effektiv umzusetzen.
- Für die **Extrovertierten (Gelb)** habe ich Bilder und Geschichten eingefügt, die einen gewissen Unterhaltungswert haben. Dazu gibt es farbliche Unterstützung, damit du auch einmal querlesen oder Kapitel überspringen kannst, um dann doch zu merken, dass man ein Buch von vorne nach hinten liest …
- Für die **Teamplayer (Grün)** versuche ich die Inhalte so zu präsentieren, dass sie die Bedeutung von Zusammenarbeit und Unterstützung betonen. Ich gehe auf die Stärken der Teamplayer ein und zeige auf, wie sie durch ihr harmonieorientiertes Verhalten zum Erfolg beitragen können.
- Für die **Gewissenhaften (Blau)** achte ich darauf, dass es ausreichend Daten und Fakten gibt, die es ihnen ermöglichen, die Informationen gründlich zu prüfen und zu analysieren. Klare Strukturen und präzise Informationen unterstützen den gewissenhaften Typ bei der Aneignung des Wissens. Ich habe verschiedene Studien hinzugefügt, die man nachlesen kann, wenn man weiter in dieses Thema einsteigen möchte.

Wer sich lange kennt, braucht nicht immer viele Worte. Häufig reicht schon ein Blick.

Diese Aufgabe stellt für den Affen kein Problem dar. Doch wie sieht es bei einer Aufgabe im Wasser aus?

PERSÖNLICHKEITS-VIELFALT

Stell dir vor, du bist in einer Welt, in der jeder seine besondere Stärke hat – genau wie ein Rennpferd, das für die Geschwindigkeit geboren ist, und ein kaltblütiges Zugpferd, dessen Stärke in der schweren Feldarbeit liegt. Beide Pferde erfüllen ihre Aufgaben, doch in ganz unterschiedlichen Bereichen. Ein Rennpferd auf der Rennbahn zu sehen, wie es mit hoher Geschwindigkeit elegant seine Runden dreht, ist ein Bild perfekter Harmonie zwischen seinen Fähigkeiten und der Umgebung. Genauso fühlt sich ein Zugpferd auf dem Feld zuhause, wo seine große Kraft und Ausdauer zum Tragen kommen. Diese einfache Wahrheit überträgt sich auch auf uns Menschen und unsere vierbeinigen Freunde. Jeder von uns, ob Mensch oder Hund, hat einzigartige Talente und Neigungen. Deine Aufgabe ist es, diese Talente zu erkennen und zu fördern, damit jeder an dem Ort sein kann, an dem er seine beste Leistung erbringen kann – sei es auf der „Rennbahn" des Lebens oder im „Feld" des Alltags.

Noch ein Beispiel: Vergleichen wir den Pinguin, der gleichermaßen auf dem Eis und im Wasser zuhause ist, und das Kamel, das sich perfekt an das Leben in der Wüste angepasst hat. Beide Tiere fühlen sich in ihrer natürlichen Umgebung wohl und haben sich im Laufe der Evolution an ihre Lebensbedingungen angepasst. Wäre es klug, den Pinguin und das Kamel in eine für sie völlig unpassende Umgebung zu versetzen? Indem du eine andere Perspektive einnimmst, kannst du die Beziehung zu deinem Hund und deine Rolle in der Welt klarer sehen. Du erkennst, dass es nicht darum geht, auf jedem Gebiet perfekt zu sein, sondern darum, die eigene Bestimmung zu finden und in dieser zu glänzen. So wie ein Rennpferd und ein Zugpferd, der Pinguin und das Kamel ihre eigenen Pfade gehen, so können auch wir und unsere Hunde in Harmonie mit unseren natürlichen Stärken leben. **Immer nur an den eigenen Schwächen zu arbeiten, ist ein Verschenken deiner Stärke! Denn jede Schwäche kann im richtigen Umfeld eine Stärke sein. Sie muss nur richtig eingesetzt werden.**

GRENZEN ERKENNEN UND RESPEKTIEREN

Das Verständnis über das Verhalten deines Hundes erfordert natürlich mehr als nur die Betrachtung deiner eigenen Stärken und Schwächen. Es geht darum, die Grenzen deines Hundes zu erkennen und zu respektieren, was dir ermöglicht, ihn trotz oder vielleicht sogar wegen seiner Schwächen zu lieben und vielleicht sogar einen Blick dafür zu bekommen, dass diese Schwächen in einem anderen Leben keine Schwächen wären.
So ist ein misstrauischer „Wadenbeißer" in Rumänien ein gern gesehener Hund, dessen Stärke es ist, misstrauisch zu sein. Das bedeutet nicht, dass er hier fröhlich in alle Waden beißen darf. Aber ist uns bewusst, dass dieses Verhalten zwar veränderbar ist, aber auch ein Teil seiner Persönlichkeit, wird es einfacher, wo und wie wir im Training ansetzen.
Blicke ich irgendwann auf die Beziehung zu meinem Hund zurück, möchte ich sagen können, dass es die beste aller Zeiten für uns zwei war. Dass wir als Team das Beste aus unserer Verbindung herausgeholt haben und gemeinsam daran gewachsen sind.

BEZIEHUNGEN IM WANDEL

Beziehungen sind wie das Leben: sie sind ständig im Wandel – nichts bleibt, wie es ist! Dennoch sollte unsere soziale Gruppe, auch wenn sie ständig durcheinandergewirbelt wird, ein fester Ankerpunkt in unserem Leben sein. Indem wir die Stärken und Schwächen erkennen, das Machbare akzeptieren und uns trotz Konflikten immer wieder zusammenraufen und dadurch lernen, wachsen wir. Ohne diese Gemeinschaft gäbe es zwar keine Konflikte, aber auch keine persönliche Weiterentwicklung und kein inneres Wachstum. Beim Betrachten meiner Hundegruppe denke ich an die Worte von George Eliot: *„Es ist nie zu spät, das zu werden, was man hätte sein können."*
Sich Veränderungen anzupassen und eigene Begrenzungen zu erkennen, ist herausfordernd und kann auch beängstigend sein, ähnlich wie z. B. kurz vor einem Sprung. Sich zu verändern und Dinge neu zu betrachten, ist dein Fallschirmsprung, vielleicht auch ins Ungewisse. Aber nur so kannst du sicherstellen, deine Beziehung zu deinem Hund auf ein neues Level zu bringen. Wichtig dabei ist, über deine eigene Geschichte nachzudenken und darüber, wie du sie fortsetzen möchtest. Welches Gefühl möchtest du deinem Hund, aber auch den Menschen in deiner Umgebung vermitteln?
Jeden Tag hast du die Möglichkeit zu entscheiden, wer du sein möchtest und wie sich eure Beziehung in Zukunft entwickeln soll. Die Beziehung zu deinem Hund bietet die Chance, dich selbst herauszufordern, vielleicht ein mutigeres Leben zu leben und die Dinge anzugehen, wie bereits der Mediziner Claude Bernard feststellte: *„Der Mensch kann nur dann etwas lernen, wenn er vom Bekannten zum Unbekannten geht."*

»Den Fokus auf die eigenen Schwächen zu richten, statt die Stärken zu nutzen, ist wie ein Vogel, der das Fliegen verlernt, weil er lieber laufen möchte.«

EXTRA

FRAGEN ZUR SELBSTREFLEXION

Oft wissen wir, was wir nicht mehr wollen … Doch herauszufinden, was wir stattdessen möchten, wie unser Gegenüber sich verhalten soll und ob es das leisten kann, ist oft die schwierigere Frage.

Was wünschst du dir konkret von einer Beziehung – und was bist du bereit, aktiv dafür zu tun?

Welche Charaktereigenschaften deines Beziehungspartners sind unveränderlich? Kannst du sie annehmen und respektieren?

Wann fühlt sich eine Beziehung für dich wirklich erfüllend an?

Wie sieht für dich eine „ideale" Beziehung aus?

Welche Bedürfnisse hast du in einer Beziehung?

Welche Werte und Prinzipien sind dir in einer Partnerschaft besonders wichtig?

Was bist du bereit, in eine Beziehung einzubringen? Gibt es für dich klare Grenzen, an denen du sagen würdest: „Das geht nicht"?

Kannst du deine Wünsche und Grenzen so kommunizieren, dass sie verstanden und respektiert werden?

Wie wichtig ist Nähe und/oder Unabhängigkeit in deiner Beziehung?

Wie gehst du mit Konflikten in einer Beziehung um? Was würde dir dabei helfen?

Indem wir uns mit diesen Fragen auseinandersetzen, erhalten wir ein klareres Bild unserer eigenen Erwartungen und können bewusster in Beziehungen treten.

PERSÖNLICHKEITSMODELL – EINE ORIENTIERUNGSHILFE

Das Vier-Typen-Persönlichkeitsmodell, eine Metapher für die Kategorisierung verschiedener Persönlichkeitstypen, dient mir schon länger als nützliches Werkzeug zur Selbstreflexion und zum besseren Verständnis der Menschen und auch der Hunde um mich herum.

Gleichzeitig bin ich mir der Grenzen solcher Modelle bewusst. Sie können die unendliche Komplexität des menschlichen Daseins nicht vollständig einfangen und sollten daher mit Bedacht und Flexibilität eingesetzt werden.

VERSTÄNDNIS FÜR BEDÜRFNISSE

Im Herzen jeder Beziehung, egal ob zwischen Menschen oder Mensch und Hund, stehen die Erwartungen, die wir an andere haben. Diese Erwartungen sind oft die Quelle von Missverständnissen oder Enttäuschungen, besonders, wenn sie unerfüllt bleiben. Das Erkennen von Bedürfnissen, Persönlichkeiten und Charakteren spielt eine zentrale Rolle in der zwischenmenschlichen Dynamik und ist für das Verständnis und die Entwicklung sowohl des Einzelnen, als auch von Gruppen von entscheidender Bedeutung. Jede Charaktereigenschaft bringt ihre eigenen Vor- und Nachteile mit sich und zeigt sich in verschiedenen Ausprägungen. Diese Vielfalt kann, je nach Perspektive und Typ, als extrem wahrgenommen werden.

Ein Beispiel dafür ist die Begegnung eines sparsamen mit einem großzügigen Menschen: Während der Sparsame den Großzügigen möglicherweise als verschwenderisch ansieht, könnte der Großzügige den Sparsamen als geizig betrachten. Diese Unterschiede in der Wahrnehmung führen uns vor Augen, wie wichtig das Verständnis und die Anerkennung der unterschiedlichen Charakterzüge für ein harmonisches Miteinander sind und wie unterschiedlich wir dies bewerten. Auch die Bewertung von Aggression fällt je nach Perspektive unterschiedlich aus und unterstreicht die Komplexität menschlicher Interaktionen.

Die Hündin möchte lieber in eine andere Richtung gehen und versucht, sich durchzusetzen.

Das Erkennen und Würdigen dieser Vielfalt an Charaktereigenschaften ist somit ein Schlüssel zur Verbesserung unserer sozialen Kompetenzen und zur Förderung eines positiven, produktiven Zusammenlebens.
Es ermöglicht uns, die Stärken und Schwächen bei uns selbst und anderen zu identifizieren und die Vielfalt der Charaktere zu würdigen. Durch das Bewusstmachen sowohl des bewussten als auch des unbewussten Handelns, kannst du deine Leistungsfähigkeit und Motivation steigern, neue Formen der Zusammenarbeit entwickeln, Konflikte klären und das Teamgefüge mit deinem Hund oder deinen Mitmenschen stärken.

HERAUSFORDERUNG DES BEZIEHUNGSGLEICHGEWICHTS

Eine harmonische Beziehung erfordert ein Gleichgewicht zwischen Nähe und Distanz, sowie zwischen Kontrolle und Vertrauen und damit dem Gewähren von Freiraum. Dieses Gleichgewicht zu finden und zu erhalten, ist eine stetige Herausforderung. Besonders in engen und liebevollen Beziehungen kann das Finden dieses Gleichgewichts komplex sein. Es handelt sich um einen kontinuierlichen Prozess der Anpassung und des gegenseitigen Verstehens, der durchaus Jahre in Anspruch nehmen kann. Im Laufe der Zeit können sich die Bedürfnisse nach Nähe oder Distanz verändern, je nachdem, wie sich jeder Partner weiterentwickelt.

BEDEUTUNG DER SELBST- UND PARTNERKENNTNIS

Die Dynamik innerhalb der Beziehung betont die Wichtigkeit, sich selbst und den Partner – in diesem Fall deinen Hund – genau zu kennen. Ein tiefes Verständnis für deine eigenen Verhaltensmuster, das jeweilige Konfliktpotenzial, Reaktionen und Bedürfnisse sind entscheidend, um die Erwartungen an deinen Hund angemessen zu gestalten und eine harmonische Beziehung zu fördern. Dieses gegenseitige Verständnis und die Kenntnis sowohl deiner eigenen Persönlichkeit als auch der deines Hundes, sind der Schlüssel zu einer Beziehung, die auf gegenseitigem Respekt, Vertrauen und ganz viel Liebe beruht.

Extrovertierte und Teamplayer: Schön sieht man die Aufgeregtheit und die ruhige Gelassenheit.

Zwillinge: Genetik, die sich beim Aussehen durchsetzt, muss nicht gleichzeitig den Charakter betreffen.

Persönlichkeit ist ein Mix aus Genetik, Erfahrungen, Erziehung und weiteren Komponenten. Da ich als eineiiger Zwilling auf die Welt gekommen bin, bin ich quasi für mich selbst ein tolles Studienobjekt – Zwillingsforschung aus erster Hand. Zum Glück muss man sagen, dass es zwar verblüffend ist, wie sich Genetik und Erziehung in der Kindheit durchsetzen, aber es trotzdem jede Menge Individualität gibt und sich die Verhaltensmerkmale und Reaktionsmuster durchaus unterscheiden.

GLAUBENSSÄTZE, ANTREIBER UND WERTE

Wir alle kennen sie:
— Glaubenssätze wie „Vertrauen ist gut, Kontrolle ist besser"
— Antreiber wie „Indianer kennen keinen Schmerz"
— Werte wie „Ehrlich währt am längsten"

Solche Glaubenssätze, Antreiber und Werte sind ein weiterer wichtiger Aspekt der Persönlichkeitsentwicklung, die oft in der Kindheit verwurzelt sind. Diese tiefsitzenden Überzeugungen prägen unsere Verhaltensweisen und Denkmuster bis ins Erwachsenenalter und beeinflussen, wie wir auf unterschiedliche Situationen reagieren. Das Erkennen und Reflektieren dieser inneren Antreiber können dir helfen, hinderliche Muster zu durchbrechen und positive Veränderungen in deinem Leben zu bewirken, z. B. bei Begegnungen mit anderen Mensch-Hund-Teams auf dem Spaziergang.

Persönlichkeit setzt sich aus vielen Komponenten zusammen.

EXTRA

GLAUBENSSÄTZE UND ANTREIBER

Wie sie unser Denken und Handeln beeinflussen!

Glaubenssätze sind tief verwurzelte Überzeugungen, die unser Selbstbild und unsere Wahrnehmung der Welt prägen. Sie entstehen oft in der Kindheit durch Erfahrungen mit Eltern, Lehrenden oder anderen Bezugspersonen. Manche dieser Überzeugungen sind hilfreich, andere können uns unbewusst einschränken.
Beispiel: Ein Kind, das für gute Noten viel Lob bekommt, könnte den Glaubenssatz entwickeln: *„Nur wenn ich gute Leistungen erbringe, bin ich wertvoll."* Im Erwachsenenalter könnte das zu Perfektionismus und Stress führen.

ANTREIBER – DIE INNEREN STIMMEN, DIE UNS STEUERN

Innere Antreiber sind spezielle Glaubenssätze, die uns zu bestimmten Verhaltensmustern drängen. Sie können motivierend wirken, aber auch belastend sein. Die bekanntesten Antreiber sind:

„Sei perfekt!" – Menschen mit diesem Antreiber setzen sich extrem hohe Maßstäbe und haben Angst vor Fehlern.
Beispiel: Jemand überarbeitet eine Präsentation unzählige Male, aus Angst, dass sie nicht gut genug ist.
Vorteil: Man sieht und arbeitet auch an Details – Gewissenhaftigkeit.
Nachteil: hohe Ansprüche; das Gefühl, nie alles erreicht zu haben.

„Streng dich an!" – Diese Personen glauben, dass Erfolg nur durch harte Arbeit möglich ist.
Beispiel: Auch nach Feierabend oder am Wochenende wird gearbeitet, anstatt sich zu erholen. Geht etwas leicht von der Hand, fühlt es sich weniger wertvoll an.
Vorteil: Leistungsbereitschaft, hohes Durchhaltevermögen
Nachteil: Gefahr von Burnout

„Mach es allen recht!" – Hier steht das Bedürfnis nach Anerkennung im Vordergrund.
Beispiel: Jemand übernimmt ständig Aufgaben für Kolleg*innen, um nicht als unfreundlich zu gelten.
Vorteil: guter Teamplayer
Nachteil: schlecht Nein-sagen-Können

„Sei stark!" – Gefühle zu zeigen, wird als Schwäche empfunden.
Beispiel: Eine Person spricht nie über ihre Probleme und versucht, immer „alles alleine zu schaffen".
Vorteil: sorgt für eine hohe Selbstbestimmung
Nachteil: Über-die-Grenzen-Gehen und Gefühle wegschieben

„Beeil dich!" – Diese Menschen stehen ständig unter Zeitdruck.
Beispiel: Jemand hetzt durch den Tag, erledigt viele Dinge gleichzeitig, aber fühlt sich trotzdem hilflos, nie fertig zu werden.
Vorteil: häufig schnelle Auffassungsgabe
Nachteil: oft hektisch und unter Stress

VERÄNDERN HINDERLICHER GLAUBENSSÄTZE

1. Erkennen und hinterfragen: Welche Überzeugungen steuern mich? Sind sie wirklich wahr?
2. Alternative Sichtweisen entwickeln: Statt „Ich muss immer stark sein" könnte man sagen: „Es ist okay, um Hilfe zu bitten."
3. Neue Erfahrungen machen: Wer immer gefallen wollte, kann üben, auch mal „Nein" zu sagen – und feststellen, dass die Welt nicht untergeht.

Glaubenssätze und innere Antreiber sind tief in uns verankert, aber sie sind nicht in Stein gemeißelt. Wer sie erkennt und reflektiert, kann hinderliche Muster durchbrechen und selbstbestimmter leben.

Nicht nur Hunde haben bei einer Begegnung Wünsche oder Befürchtungen. Auch wir Hundehaltende werden beeinflusst durch Glaubenssätze, Unsicherheiten und Wünsche.

Jeder von uns hat alle vier Charaktertypen in sich vereint. Jedoch dominiert bei jedem einer der Typen.

AUF DAS UMFELD KOMMT ES AN

Die Komplexität der Persönlichkeit wird besonders in der Interaktion mit der Umwelt sichtbar. Ein scheinbar extrovertierter Macher mag diese Eigenschaft gezielt einsetzen, um seine Ziele zu erreichen, während seine extrovertierte Art in Wirklichkeit sehr zweckgebunden ist. Ähnlich kann der Teamplayer in vertrauter Umgebung sehr extrovertiert wirken, zeigt sich jedoch in neuen Kontexten eher introvertiert. Diese Anpassungsfähigkeit unterstreicht die Vielschichtigkeit menschlicher Persönlichkeiten.

Die Untersuchung des Verhaltens in unterschiedlichen emotionalen Zuständen bietet weitere Einsichten. So kann der beschriebene Macher in stressfreien Situationen wetteifernd, zielbewusst und vorantreibend agieren, während er unter Stress aggressiv, intolerant, ungerecht und kontrollierend wird. Diese Verhaltensänderungen bieten ein tiefgehendes Verständnis für die dynamischen Aspekte der Persönlichkeit.

EIN MODELL IST EIN MODELL …

Modelle dienen uns als vereinfachte Abbildungen der Realität, um komplexe Prozesse und Muster verständlicher zu machen. Sie repräsentieren nicht die absolute Wahrheit, sondern sind Werkzeuge, die uns helfen, bestimmte Aspekte der Welt und des menschlichen Verhaltens besser zu verstehen. Jedes Individuum ist einzigartig, geformt durch eine Kombination aus genetischen Faktoren, kulturellen Einflüssen, Erziehung und persönlichen Erfahrungen.

HISTORIE UND ANWENDUNG

Die Wissenschaft der Persönlichkeitsmodelle ist tief verwurzelt in der Arbeit von Pionieren wie C.G. Jung, Kretschmann, Riemann und Maslow, die durch bedeutende Beiträge zur Psychoanalyse und zum Verständnis der menschlichen Psyche viel bewirkt haben. Es ist wichtig zu beachten, dass viele dieser Modelle ursprünglich in der Arbeit mit klinisch auffälligen Persönlichkeiten entwickelt wurden. Das hier vorgestellte Modell, das seine Ursprünge in den 1970er Jahren hat, basiert auf umfangreichen Studien und bildet ein praktikables Werkzeug zur Analyse von Persönlichkeiten.

Anwendung

Die Verhaltenstypen sind ein zentrales Element dieses Buches und dienen als Werkzeug, um Verhaltensweisen und Motivationen zu beschreiben und zu analysieren. Sie ermöglichen es uns, die Handlungs- und Reaktionsmuster von Menschen und Hunden besser zu verstehen und unsere Kommunikation entsprechend anzupassen. Individuen zeigen unterschiedliche Ausprägungen der verschiedenen Typen, die je nach Kontext variieren können. Durch das Verständnis dieser Ausprägungen gewinnst du Einsichten darüber, wie jemand in Herausforderungen oder Konflikten reagiert.

Merkmale wie Extrovertiertheit, Reaktionsschnelligkeit und Regelkonformität helfen dir, die Unterschiede zwischen den Typen zu erkennen.
Die Anerkennung der Stärken und Schwächen jedes Typs ist dabei wichtig für eine effektive Anwendung.
Die wahre Stärke dieses Modells liegt in seiner Fähigkeit, uns zu mehr Selbstreflexion und einem tieferen Verständnis von Beziehungsdynamiken zu führen.

MODELLE KRITISCH BETRACHTET

Doch das Analyse-System der Verhaltenstypen, trotz seiner Nützlichkeit, ist nicht ohne Fehler. Es stellt ein Hilfsmittel dar, das Verhaltensmuster beschreibt und erklärt. Es sollte nicht als universelle Lösung missverstanden werden. Die Anerkennung der Einzigartigkeit jedes Individuums ist wichtig, um einer vereinfachten Schubladendenkweise entgegenzuwirken.
Die Verwendung von Typenmodellen wie Archetypen, DISG und ähnliche Ansätze, hat in der Persönlichkeitsentwicklung, in Personalauswahlverfahren von Unternehmen und im Coaching eine lange Tradition. Diese Modelle variieren in ihrer Form – einige nutzen Tiere, Farben oder eben Archetypen als Vergleichsbasis. Obwohl die Bezeichnungen der vier Haupttypen variieren, bleibt ihre Grundbotschaft weitgehend identisch. Zusätzlich existieren komplexere Modelle wie der MBTI (Myers-Briggs Typenindikator) oder die Big Five, die jeweils eigene Vor- und Nachteile aufweisen.

»Es ist nicht genug zu wissen, man muss es auch anwenden; es ist nicht genug zu wollen, man muss es auch tun.«

Johann Wolfgang von Goethe

NACHTEILE DER VIER-TYPEN-MODELLE

Ein klarer Nachteil der Vier-Typen-Einteilungen liegt in ihrer Neigung, Menschen und sogar Tiere in Schubladen zu stecken, was eine vereinfachte und manchmal stagnierende Sichtweise zur Folge haben kann. Menschen und Hunde sind wesentlich komplexer, was eine differenziertere Betrachtung erfordert. Ein weiteres Problem ist die Selbsteinschätzung im Fragebogen ohne externen Blick, die zu verzerrten Selbstbildern führen kann. Wir neigen alle dazu, so positiv als möglich erscheinen zu wollen. Somit wird auch bei der Persönlichkeitsanalyse bzw. dem Test auf eine gewisse und oft von uns unbemerkte Art und Weise „geschummelt“: Wir verstärken Merkmale, die wir als positiv ansehen und Charaktereigenschaften, die wir als negativ ansehen, werden abgeschwächt.

VORTEILE DER VIER-TYPEN-MODELLE

Trotz dieser Herausforderungen bieten die Modelle bedeutende Vorteile. Sie ermöglichen es, die natürlichen Verhaltenspräferenzen von Individuen zu klassifizieren und bieten dadurch eine nützliche Übersicht über verschiedene Verhaltensweisen. Diese Klassifizierung hilft, ein besseres Verständnis für die Motivationen und Kommunikationsansätze zwischen Individuen zu entwickeln. Durch die Zuordnung zu bestimmten Typen gewinnen wir Einsichten in Motivationsmuster und finden Ansatzpunkte für effektivere Kommunikation. Das Modell dient als Werkzeug, um Verhalten besser einschätzen zu können – sowohl bei sich selbst als auch bei anderen. Es fördert das Verständnis für die Vielfalt der Persönlichkeiten und unterstützt die individuelle und zwischenmenschliche Dynamik sowie den Umgang mit Konflikten.
Beim Betrachten von Mischtypen, wie z. B. einer Kombination aus „Macher und Extrovertierte“, erlaubt die Analyse der dominanten Ausprägungen Rückschlüsse auf das Konfliktverhalten. Ein Überwiegen des Macheranteils deutet auf eine starke Durchsetzungsfähigkeit hin, während ein vorherrschender Anteil von extrovertiert eher auf Konfliktscheue hindeuten würde.

Differenzierung nach Verhaltenstypen

Diese Modelle erlauben es, Unterschiede im Umgang mit Herausforderungen und Konflikten zu erkennen. Man kann identifizieren, ob jemand eher ein aktiver „Macher“ ist, oder Herausforderungen systematisch und mit Bedacht angeht. Die Typenlehre hilft auch, Unterschiede in der Extroversion zu verstehen – zwischen dem vorsichtigen, skeptischen und dem offenen, extrovertierten Typ.
Zudem wird die Reaktionsgeschwindigkeit und das Arbeitstempo thematisiert. Schnelle, dynamische Reaktionen weisen auf einen Extrovertierten oder Machertyp hin, während ein bedachter, zurückhaltender Stil

Eine Kommunikation kann schwierig sein, wenn man den anderen nicht (er-)kennt.

eher dem Gewissenhaften oder dem Teamplayer zugeordnet wird. Auch das Thema Genauigkeit und ob man Routinen bevorzugt, wird klar erkennbar, z. B. bei den Extrovertierten oder den Gewissenhaften. Die Typenlehre bietet ein nützliches Werkzeug, um Verhaltensweisen verständlich zu machen und schnell zu erklären. Trotz der Gefahr einer zu einfachen Betrachtung menschlichen und tierischen Verhaltens, ermöglicht sie eine wertvolle Basis für das Verständnis individueller Unterschiede. Es ist jedoch wichtig, die Individualität jedes Wesens zu beachten und Modelle flexibel und mit kritischem Hinterfragen zu nutzen.

ZUSAMMENFASSUNG

Obwohl Persönlichkeitsmodelle ihre Beschränkungen aufweisen, bieten sie dennoch wertvolle Einblicke und Unterstützung beim Verstehen von Verhaltensmustern. Sie verbessern die Kommunikation zwischen Menschen, erleichtern das Hundetraining und fördern positive Dynamiken. Eine differenzierte und reflektierte Anwendung dieser Modelle ist entscheidend, um der Komplexität von Menschen und Hunden gerecht zu werden. Persönlichkeitsmodelle erweisen sich als effektives Instrument zur Identifikation und zum Verständnis verschiedener Verhaltenstypen. Es unterstützt dabei, sich selbst und andere besser einzuschätzen und stärkt die Beziehung zwischen Mensch und Hund sowie in vielen anderen Lebensbereichen. Wichtig ist jedoch, sich bewusst zu sein, dass es sich hierbei lediglich um ein Modell handelt, das nicht die gesamte Vielfalt der Realität abbilden kann. Als Orientierungshilfe gedacht, kann es dennoch dazu beitragen, erfolgreiche Interaktionen und Kooperationen zu erleichtern.

EXTRA

FRAGEBOGEN ZU VERHALTENSDIMENSIONEN

Der Fragebogen ermöglich es dir zu ermitteln, mit welcher Intensität Verhaltensdimensionen bei dir ausgeprägt sind. Der Fragebogen bildet das Hier und Jetzt ab, was bedeutet, dass deine Antworten in 20 Jahren möglicherweise anders ausfallen werden. Der Kontext ist ebenfalls entscheidend. Ich empfehle dir, ihn zunächst im privaten Kontext auszufüllen, um zu verstehen, wie du dich in einem vertrauten Umfeld verhältst. Die Möglichkeit, den Fragebogen auch im beruflichen Kontext auszufüllen, berücksichtigt die Tatsache, dass Menschen in ihrem beruflichen Leben ein anderes, eventuell erlerntes Verhalten zeigen und unterschiedliche Rollen einnehmen.Versuche beim Ausfüllen des Fragebogens so authentisch wie möglich zu sein. Es geht hier nicht um ein Bewerbungsgespräch, bei dem du dich gut darstellen musst. Kreuze bei jeder Aussage die am ehesten zutreffende Antwort an.

1.
- ☐ Ich rede gerne und viel.
- ☐ Führung übernehmen fällt mir leicht.
- ☐ Ich handle stets taktvoll.
- ☐ Ich komme gut mit Menschen aus.

2.
- ☐ Selbstbeherrschung ist eine meiner Stärken.
- ☐ Ich blicke optimistisch in die Zukunft.
- ☐ Ich zeige meinem Gegenüber Höflichkeit und Zuwendung.
- ☐ Initiative zu ergreifen, fällt mir leicht.

3.
- ☐ Ich zeige anderen gegenüber Verständnis.
- ☐ Entscheidungen treffe ich schnell.
- ☐ Lachen ist ein wichtiger Teil meines Lebens.
- ☐ Diplomatie ist mir nicht fremd.

4.
- ☐ Zurückhaltung ist Teil meiner Natur.
- ☐ Ich strahle Lebensfreude aus.
- ☐ Ich helfe anderen gerne.
- ☐ Ich bin zielorientiert und effektiv.

5.
- ☐ Wettbewerb spornt mich an.
- ☐ Regeln zu befolgen, ist mir wichtig.
- ☐ Meistens bin ich gut gelaunt.
- ☐ Teilen ist für mich selbstverständlich.

6.
- ☐ Kontaktfreudigkeit zeichnet mich aus.
- ☐ Ordnung ist mir wichtig.
- ☐ Lob verteile ich gerne.
- ☐ Ich möchte schnell Fortschritte erreichen.

7.
- ☐ Ich habe eine starke Willenskraft.
- ☐ Aufrichtigkeit gegenüber anderen ist mir wichtig.
- ☐ Ich bin gerne in Gesellschaft.
- ☐ Detaillierte Planung ist mir wichtig.

8.
- ☐ Ich bin aufgeschlossen.
- ☐ Ich analysiere gründlich.
- ☐ Ich stehe für meine Überzeugungen.
- ☐ Ich bin freundlich zu anderen.

9.
- ☐ Ich gehe mit Spaß und Elan an Dinge heran.
- ☐ Gewinnen ist mein Ziel.
- ☐ Ich denke nach, bevor ich spreche.
- ☐ Ich zeige anderen gegenüber Respekt.

10.
- ☐ Ich arbeite genau und korrekt.
- ☐ Ich mag es, von Menschen umgeben zu sein.
- ☐ Ich teile gerne mit anderen.
- ☐ Ich trete selbstbewusst auf.

Ich bin ...

11.
- ☐ gesprächig
- ☐ präzise
- ☐ energisch
- ☐ unterstützend

12.
- ☐ zurückhaltend
- ☐ nachsichtig
- ☐ glücklich
- ☐ urteilsfähig

13.
- ☐ sanftmütig
- ☐ charmant
- ☐ kritisch
- ☐ tatkräftig

14.
- ☐ kontaktfreudig
- ☐ durchdenkend
- ☐ fordernd
- ☐ rücksichtsvoll

15.
- ☐ inspirierend
- ☐ systematisch
- ☐ strebsam
- ☐ kooperativ

16.
- ☐ freundlich
- ☐ führend
- ☐ pünktlich
- ☐ geduldig

17.
- ☐ bestimmend
- ☐ spielerisch
- ☐ herzlich
- ☐ bescheiden

18.
- ☐ respektvoll
- ☐ souverän
- ☐ gewissenhaft
- ☐ sympathisch

19.
- ☐ mutig
- ☐ verständnisvoll
- ☐ unaufdringlich
- ☐ witzig

20.
- ☐ unterhaltsam
- ☐ sorgfältig
- ☐ direkt
- ☐ unterstützend

AUSWERTUNG

Kreuze bei jeder Frage die Aussage an, die auf dich zutrifft. Hast du alle angekreuzt, findest du den dazugehörigen Buchstaben auf S. 172. Notiere ihn dir davor. Zähle jeweils die Anzahl von M, E, T und G zusammen und trage die Zahlen in die unten stehenden Felder ein (die Gesamtsumme aller eingetragenen Zahlen muss 20 betragen).

M	E	T	G

CHARAKTER 1: DIE MACHER (M)

Verhaltenstendenz: Als Macher – also proaktive Person – ergreifst du die Initiative und scheust dich nicht, persönliche Herausforderungen anzunehmen. Dadurch prägst du dein Umfeld entscheidend. Du nutzt jede Gelegenheit, um schwierige Situationen zu meistern, Prioritäten zu setzen und klare Anweisungen zu geben. Die Verantwortung für Handlungen überträgst du anderen, wobei Leistung kontinuierlich gemessen, belohnt, aber auch sanktioniert wird. Du bevorzugst ein dynamisches, wettbewerbsorientiertes Umfeld und handelst schnell und entschlossen.

Kerneigenschaft: Dominant, aktiv, entschlossen, willensstark, wetteifernd, kühn, anspruchsvoll, hohe Erwartungen an dich und andere.
Du betrachtest dein Umfeld als herausfordernd und manchmal stressig, bist motiviert durch persönliches Wachstum und Entwicklung.

Ziel: Das Umfeld aktiv gestalten und ergebnisorientiert Hindernisse überwinden.

Grundbedürfnis: Unabhängigkeit

Motivation: Sich selbst und anderen Stärke zeigen, Erfolg im Leben und die Überwindung von Herausforderungen.

Antrieb: Deine Motivation speist sich aus der Möglichkeit, Führung, Individualität und Entschlossenheit auszuleben, besonders in einem sich ständig wandelnden Umfeld.

Mögliche Schwächen: Deine entschlossene und dominante Art kann zu potenziellen Schwierigkeiten mit deinen Mitmenschen führen, insbesondere, wenn Kompromisse oder Einfühlungsvermögen gefragt sind.

Konfliktmanagement: Konfrontative Strategien kennzeichnen deinen Umgang mit Konflikten, wobei du wenig Rücksicht auf die Suche nach Akzeptanz oder Beliebtheit nimmst, sondern mehr nach praktikablen Lösungen suchst.

Im Training mit deinem Hund: Als Macher zeichnest du dich durch eine zielorientierte und strukturierte Herangehensweise im Training mit deinem Hund aus. Du willst, dass die Beziehung funktioniert. Dabei kannst du hohe Erwartungen an dich oder deinen Hund stellen.

CHARAKTER 2: DIE EXTROVERTIERTEN (E)

Verhaltenstendenz: Als Extrovertierte(r) stehst du natürlich im Mittelpunkt des Geschehens, nicht nur auf Partys, sondern auch in alltäglichen Begegnungen. Deine Fähigkeit, schnell ein harmonisches Verhältnis zu anderen aufzubauen und Menschen zu unterhalten, ermutigt Freunde und Familie, offen und ehrlich zu sein. Diese Gabe, Menschen anzuziehen und zu begeistern, macht dich zu einem natürlichen Mittelpunkt in jedem Kreis. Du teilst gerne Erlebnisse und Ideen und bist innovativ, hältst dich mit Kritik zurück und zählst auf die Unterstützung deines Umfelds.

Kerneigenschaft: Initiativ, offen, freundlich, gesprächig, begeisterungsfähig, schnell, enthusiastisch, impulsiv, extrovertiert, emotional. Du empfindest dein soziales Umfeld als angenehm und nicht stressig, motiviert durch die Freude am Zusammensein und Austausch mit Menschen.

Ziel: Ein positives Miteinander schaffen und andere aktiv einbeziehen.

Grundbedürfnis: Akzeptanz und Zugehörigkeit

Motivation: Die Freude am Umgang mit Menschen und ein tiefes Verständnis für deren Gefühle.

Antrieb: Das Streben, sich mit vielfältigen Aktivitäten zu beschäftigen und Bedürfnisse nach Akzeptanz und Zufriedenheit zu erfüllen. Unabhängigkeit und der Wunsch, frei von strikter Aufsicht zu agieren, motivieren dich.

Mögliche Schwächen: Du neigst dazu, Routineaufgaben zu vernachlässigen und nach vereinfachten Lösungen zu suchen. Die Einschätzung von Zeitaufwand kann herausfordernd sein. Bei zu viel Druck handelst du auch mal kopflos.

Konfliktmanagement: Konflikte werden möglichst vermieden, da du Harmonie anstrebst und von allen gemocht werden möchtest. In stressigen Situationen setzt du auf dein soziales Netzwerk, Witz und Charme, um Spannungen zu lösen.

Im Training mit deinem Hund: Als Extrovertierte bringst du eine lebensfrohe Energie in den Lernprozess ein. Deine Experimentierfreudigkeit bei den Trainingsansätzen sorgt für Verwirrung bei deinem Hund. Achte darauf, dass du eine gewisse Struktur beibehältst.

CHARAKTER 3: DIE TEAMPLAYER (T)

Verhaltenstendenz: Als Teamplayer zeichnest du dich durch ein ausgeglichenes und beständiges Engagement aus. Mit Geduld und Zuverlässigkeit gehst du deinen Verpflichtungen nach und legst großen Wert auf Loyalität und menschliche Wärme im Miteinander. Du bist eine zuverlässige Hilfe und unterstützt gerne. Deine Fähigkeit, dich für die Menschen in deinem Umfeld und die Schönheit der Natur zu begeistern, macht dich zum verlässlichen und stabilisierenden Element in jeder Gruppe. Du bist gerne im Hintergrund hilfreich und unterstützend.

Kerneigenschaft: Beständig, vertrauenswürdig, kooperativ, einfühlsam und empathisch, hilfsbereit.
Du siehst dein Umfeld als angenehm.
Es geht dir um echte Gemeinsamkeit und du hast gerne deine Familie um dich, die dir Stabilität gibt.

Ziel: Harmonische Ergebnisse durch Zusammenarbeit und gemeinsame Anstrengungen erzielen.

Grundbedürfnis: Sicherheit

Motivation: Der Ausdruck echter Gefühle und die Wertschätzung innerhalb der Gruppe.

Antrieb: Das Gefühl der Sicherheit und das Streben nach Kooperation, Zufriedenheit in der Gruppe und eine natürliche Zurückhaltung treiben dich an.

Mögliche Schwächen: Manchmal neigst du dazu, deine Fähigkeiten nicht voll anzuerkennen und deine Ambitionen zurückzuhalten. Du wartest eher ab, als proaktiv Veränderungen herbeizuführen.

Konfliktmanagement: Konflikte löst du, indem du Kompromisse suchst, die allen Seiten nutzen. Du strebst nach einer ausgewogenen Lösung für alle Beteiligten.

Im Training mit deinem Hund: Als Teamplayer zeigst du eine ausgeprägte Fähigkeit zur Zusammenarbeit und zum gegenseitigen Verständnis. Die Effizienz ist nebensächlich, solange es mit Liebe geschieht. Du hast sehr viel Geduld und kannst auch dranbleiben.

CHARAKTER 4: DIE GEWISSENHAFTEN (G)

Verhaltenstendenz: Als Gewissenhafte(r) legst du großen Wert auf Präzision und achtest darauf, Dinge gründlich zu erledigen. Du bevorzugst es, eher im Hintergrund zu bleiben, um die besten Ergebnisse zu erzielen, wobei du einen respektvollen Umgang mit anderen pflegst. Der Glaube an die Prinzipien harter Arbeit und Fairness sind tief verwurzelt.

Kerneigenschaft: Gewissenhaft, diszipliniert, empfindsam, ernsthaft, vorsichtig, ausdauernd, ordnungsliebend, bedacht und korrekt.
Dein Umgang mit anderen ist diszipliniert und etwas distanziert. Du betrachtest dein Umfeld als anstrengend und stressig.

Ziel: Sich eingehend mit den Folgen deiner Handlungen auseinandersetzen, Fehler ausmerzen und etwas Perfektes erreichen.

Grundbedürfnis: Dinge richtig machen

Motivation: Der Wunsch nach Fairness, die Welt um dich herum zu verbessern und Fehler zu korrigieren.

Antrieb: Du fühlst dich besonders erfüllt, wenn du deine Fähigkeiten in einer gewissenhaften und disziplinierten Weise einsetzen kannst.

Mögliche Schwächen: Deine Sensibilität gegenüber Kritik und eine starke Bindung an Regeln können deine Flexibilität einschränken.

Konfliktmanagement: Du neigst dazu, Konflikte tendenziell zu vermeiden, in der Überzeugung, dass nicht jede Auseinandersetzung gelöst werden muss.

Im Training mit deinem Hund: Du schaffst Sicherheit durch deine methodische Herangehensweise und verfolgst deine Ziele beharrlich. Aber du kannst dich auch in Details verlieren und tust dich schwer, aus vollem Herzen euphorisch zu loben. Für manche Hunde wirkst du zu distanziert.

VERHALTENSTENDENZEN MENSCH IM ÜBERBLICK

	DIE MACHER (M)	**DIE EXTROVERTIERTEN (E)**
Kerneigenschaften	— willensstark — entschlossen — unabhängig, kühn, hohe Erwartungen an dich und andere — wetteifernd — zielstrebig	— emotional — begeisterungsfähig — extrovertiert — gesprächig, offen — optimistisch
Typische Aussage	Wir machen das sofort und zielorierntiert.	Wir machen das gemeinsam mit Spass.
Ziel	— Widerstand überwinden — Ergebnisse erzielen, Autonomie	— Spaß — Anerkennung — Beliebtheit
Grundbedürfnis	Unabhängigkeit	Gemocht werden
Motivation	— sich mit anderen messen — Respekt verschaffen — keine Routine	— Spaß haben — gemeinsame Aktivität — gewisse Freiheiten
Grundangst	— Bezwungen werden — Kontrollverlust	— Benachteiligt werden — keine Anerkennung
Betrachtet Umfeld als …	— herausfordernd — stressig	— angenehm
Umgang mit Konflikten	— durchsetzungsstark — ungeduldig — übt Macht aus Ausnahme: Falls es keine Möglichkeit gibt, sich durchzusetzen, vollständiger Rückzug aus dem Gesamten	— vermeiden/anpassen — will niemanden verletzen, nutzt Kontakt
Bewältigung von Aufgaben	— schnelles, zielorientiertes Handeln — Herausfordungen werden angenommen und führen zum Erfolg	— Erfolg durch Kreativität und Flexibilität, gemischt mit sozialer Interaktion — Schaffung einer fröhlichen Atmosphäre
Reaktionen auf Stress	— Konfrontation — schlägt zurück — wird aktiv	— ist witzig und spricht viel — kopflos, wenn witzig wirkungslos ist
Typische Berufe	— Führungsebene — Rechtsanwälte	— Verkäufer — Gastwirt — Eventplaner
Persönliche Werte und Tendenzen	— Klarheit — Gestaltung durch Eigeninitiative	— gemeinsame Freude — breites Spektrum an sozialen Aktivitäten

DIE TEAMPLAYER (T)	DIE GEWISSENHAFTEN (G)
— liebenswert — unterstützend, kooperativ, empathisch — zurückhaltend, hilfsbereit — loyal — beständig	— perfektionistisch — empfindsam — ernsthaft — vorsichtig — ausdauernd — diszipliniert — ordnungsliebend
Wir machen das gemeinsam mit Bedacht.	Wir machen das ordentlich und genau.
— Beständigkeit — Harmonie, — ein Team/Familie	— Definitionen und Ordnung mit hohen Standards — Strukturen/Rituale/Verlässlichkeit im Umfeld
Langfristige Sicherheit	Dinge richtig machen
— Bedürfnis nach Kooperation — von anderen wichtig genommen werden	— Welt verbessern — Fehler ausmerzen
— Alleine zu sein — Verlust von Stabilität	— Angst vor Kritik — Angst vorm Fehlen von Normen
— angenehm	— stressig — anstrengend
— Kompromiss — Anpassung — Wege für Stabilität finden	— Ordnung bewahren — vermeiden — aber: bei eigenen moralischen Werten oder Vorschriften: durchsetzungsstark
— stetiger Ausbau von Wissen — kommt schrittweise zum Erfolg	— ernsthaft — ruhig — genau — hohe Standards an sich selbst
— passive Aggressivität — äußerliche Zustimmung — innere Widerstände	— nachtragend — Minderwertigkeitskomplex
— Soziale Berufe	— Buchhalter — Arbeit in einem Labor
— Freundschaft/Loyalität — Bilden und Unterstützen von Teams	— Gerechtigkeit — Ordnung in chaotischen Situationen

Basierend auf William Moulton Marston von 1928 → John Geier 1958 Urform des DISG

☞ EXTRA

ZUORDNUNGSTEST

Um das Verständnis für die diversen Typen nochmals zu überprüfen, schauen wir uns als Beispiel das Thema „Essengehen“ an. Wer bevorzugt welche Form des Essens?

Kannst du die vier Typen – Macher, Extrovertierte, Teamplayer und Gewissenhafte – den Aussagen zuordnen? Kreuze an!
Die Auflösung findest du auf S. 172/173.

Beim Kochen folge ich genau den Rezepten, verwende einen Messbecher und interessiere mich für die Nährstoffe der Lebensmittel.

☐ M ☐ E ☐ T ☐ G

Ich genieße die Vielfalt der Weltküchen und probiere gerne neue und ausgefallene Gerichte aus, besonders wenn ich mit Freunden zusammen bin.

☐ M ☐ E ☐ T ☐ G

Wenn ich essen gehe, wähle ich oft Fast Food oder nutze die Mikrowelle für eine schnelle Mahlzeit. Manchmal verbinde ich geschäftliche Treffen mit einem Besuch in einem gehobenen Restaurant.

☐ M ☐ E ☐ T ☐ G

Mir ist es wichtig, regelmäßige Mahlzeiten mit meiner Familie zu haben, bei denen sich alle wohlfühlen und das Essen genießen. Am wichtigsten dabei ist mir, dass eine gute und gelöste Stimmung herrscht.

☐ M ☐ E ☐ T ☐ G

WIR SIND BUNT – DIE MISCHUNG MACHTS!

Da wir alle mehrere Archetypen in uns vereint haben, allerdings in verschiedener Ausprägung, hier noch eine Beschreibung, falls die Punktezahl im Fragebogen auf S. 32 bei zwei Typen sehr nahe oder sogar gleich ist. Das Erstgenannte ist der Typus mit der höchsten und das Zweitgenannte mit der zweithäufigsten Punktezahl.

MACHER + EXTROVERTIERTE

Du stichst als treibende Kraft für Veränderungen hervor, arbeitest gerne unabhängig und suchst aktiv nach Herausforderungen. Deine Schwächen liegen in der Ungeduld und in Schwierigkeiten beim Delegieren von Aufgaben. Du konzentrierst dich auf Ziele, die dir persönliche Anerkennung und Führungspositionen versprechen, und löst Konflikte bevorzugt durch Kooperation. Im Hundetraining bist du motivierend und zielorientiert, solltest aber beachten, nicht zu viel auf einmal anzugehen.

MACHER + TEAMPLAYER

Du nutzt deine Entschlossenheit, um Herausforderungen in Chancen zu verwandeln, und zeigst dabei eine beeindruckende Fähigkeit, Hindernisse zu überwinden. Dies macht dich zu einer inspirierenden Persönlichkeit in deinem Umfeld. Deine Herausforderungen liegen in der gelegentlichen Direktheit und im Finden des richtigen Maßes beim Unterstützen anderer, ohne Übernahme der gesamten Last. Du bevorzugst einen direkten Ansatz bei Meinungsverschiedenheiten und schöpfst deine Energie aus neuen Erlebnissen und Wissensdurst. Deine Überzeugungskraft basiert auf einer starken Argumentation. Eventuell könnte es dir im Hundetraining schwerfallen, für alles offen zu bleiben, verschiedene Perspektiven anzuschauen und Umwege zu akzeptieren.

MACHER + GEWISSENHAFTE

Du bist praktisch veranlagt und bevorzugst eigenständige Lösungswege, wobei du auf Logik und persönliche Erfahrung zurückgreifst. Als Problemlöser blühst du auf, wenn du die Freiheit hast, Projekte nach deinen Vorstellungen zu gestalten. Allerdings kann es herausfordernd für dich sein, mehrere Dinge gleichzeitig zu bearbeiten, auch bist du übervorsichtig. Der Wunsch nach persönlicher Weiterentwicklung und dem Bedürfnis nach Struktur treibt dich an. Du bevorzugst eine strukturierte und kooperative Herangehensweise, um Differenzen zu klären. Im Hundetraining steigerst du deine Effektivität, indem du für Entspannung sorgst und in eine soziale Interaktion gehst, wenn dein Hund dies benötigt.

Ein Teamplayer, der sich nur deshalb standhaft und sehr kontrolliert einem Konflikt mit einem Hund stellt, weil er dem Hund in seiner Weiterentwicklung helfen möchte.

EXTROVERTIERTE + MACHER

Du ziehst durch deine positive Einstellung und überlegte Sprache die Aufmerksamkeit auf dich und motivierst andere, dich zu unterstützen. Als jemand, der Routinen meidet und Herausforderungen liebt, strebst du nach Anerkennung durch außergewöhnliche Erfolge. Du überzeugst durch deine Gabe, Möglichkeiten aufzuzeigen und dich geschickt auf deine Mitmenschen einzustellen. Selbst unter Druck bleibst du fokusiert und zeigst Kreativität, wenn es zum Ziel führt. Deine kooperative Art fördert spannende gemeinsame Aktivitäten und hilft dabei, Brücken zwischen unterschiedlichen Meinungen zu schlagen. Achte in deiner Beziehung mit dem Hund auf einen langsameren Rhythmus und eine systematischere Herangehensweise.

EXTROVERTIERTE + TEAMPLAYER

In deinem Umfeld schaffst du eine herzliche Atmosphäre, indem du aktiv auf Menschen zugehst und Harmonie förderst, was dazu führt, dass du viel Sympathie erfährst. Als jemand, der Konflikte scheut und den Konsens sucht, bist du manchmal zu kompromissbereit. Dein Antrieb liegt im Wunsch nach Anerkennung und dem Bestreben, in einer lockeren Umgebung mit anderen zusammen zu sein. Du punktest durch deine Fähigkeit, enge persönliche Bindungen zu knüpfen, und zeigst dich als eine sehr fürsorgliche Person, die den individuellen Beitrag eines jeden schätzt. Deine Effektivität im Hundetraining könntest du steigern, indem du Konflikte direkter angehst und mit mehr Entschlossenheit auftrittst.

EXTROVERTIERTE + GEWISSENHAFTE

Du erfüllst proaktiv die Bedürfnisse anderer, bereitest dich auf Schwierigkeiten vor und bist für deinen Einfallsreichtum und dein Improvisationstalent bekannt. Deine Motivation schöpfst du aus der Möglichkeit, Selbstbehauptung und Kreativität zu zeigen. Du überzeugst andere durch deine Planungsfähigkeit und inspirierenden Worte. In Konflikten suchst du nach Zusammenarbeit und Übereinstimmungen, während du unter Druck deine geistige Flexibilität nutzt, um effektiver zu werden. Als Stratege planst du voraus und bewertest kritisch, doch manchmal neigst du zur Machtprobe und vernachlässigst Routineaufgaben. Das kann dir beim Training mit deinem Hund „auf die Füße fallen".

Ein souveräner Macher-Typ kann sehr entspannt …

TEAMPLAYER + MACHER

Du bist ein kritischer Zuhörer, der Fakten verknüpft, um im Alltag neue Methoden zu entwickeln, und dir Respekt durch Taten verdienst. Du sammelst Wissen und entwickelst Fachkenntnisse, doch fällt es dir schwer, emotionalen Menschen zu vertrauen.

… unsouveräne Versuche verpuffen lassen.

Du bist motiviert durch das Bedürfnis nach Anerkennung, arbeitest unabhängig an Problemlösungen und bevorzugst einfache Lösungen. Achte darauf, dass du flexibel bleibst und die Bereitschaft hast, Strategien auch im Training mit deinem Hund zu überdenken.

TEAMPLAYER + EXTROVERTIERTE

Du bist ehrlich sowie warmherzig, was dich zu einer idealen Stütze für deine Mitmenschen macht. Du setzt dich oft selbstlos für das Wohl anderer ein, manchmal bis an deine eigenen Grenzen. Deine Motivation speist sich aus dem Bedürfnis nach Zugehörigkeit und Loyalität, und du überzeugst andere durch Vertrauen und klare Kommunikation. Du gewinnst sie für dich durch deine inspirierenden Worte.
In Konfliktsituationen strebst du nach Kooperation und Einigkeit, während du unter Druck deine geistige Beweglichkeit nutzt, um Lösungen effizienter zu gestalten. Dein Wunsch nach Innigkeit mit deinem Hund kann dich aber auch hemmen, etwas durchzusetzen.

TEAMPLAYER + GEWISSENHAFTE

Du erkämpfst dir Anerkennung durch Fleiß und sorgfältiges Sammeln von Informationen, strebst nach Sicherheit und teilst gerne Verantwortung. Du magst die Ordnung, neigst zu Pessimismus und beurteilst oft voreilig. Du hältst ein kalkuliertes Tempo bei der Erledigung von Aufgaben. Deine Motivation ziehst du aus Zugehörigkeit, Vorhersehbarkeit und detaillierter Erledigung der Dinge. Konflikte löst du mit wohlüberlegten Kompromissen. In stressigen Momenten verlässt du dich auf deine Urteilskraft. Achte darauf, offen für Veränderungen zu sein und auch mal in eine Konfrontation zu gehen.

GEWISSENHAFTE + MACHER

Du nimmst dir Zeit, Probleme – egal welcher Art – gründlich zu analysieren und triffst Entscheidungen basierend auf einer sorgfältigen Abwägung. Deine Ernsthaftigkeit und Zurückhaltung verlangsamen manchmal wichtige Entscheidungen. Motiviert wirst du durch das Bedürfnis nach erkennbaren Erfolgen und einer disziplinierten Herangehensweise, du ziehst praktische Lösungen vor und überzeugst mit detaillierten Ausführungen. In Konfliktsituationen suchst du nach analytischen Lösungen und vermeidest impulsives Handeln. Bleib im Hundetraining offen für Rückmeldungen deines Hundes.

GEWISSENHAFTE + EXTROVERTIERTE

Du bist freundlich, taktvoll und systematisch, mit einer Neigung, analytische Ansätze zu entwickeln und Belohnungen für korrektes Handeln zu erwarten. Du überprüfst deine Ideen auf ihre Realisierbarkeit und setzt dir hohe Ziele, wobei du Flexibilität zeigst und mehrere Alltagsthemen geschickt nebeneinander balancierst.
Deine Motivation ziehst du aus dem Streben nach besonderen Leistungen und der Schaffung von bleibendem Wert. In schwierigen Situationen suchst du nach fairen Mittelwegen, indem du dich an bewährte Prinzipien hältst.

Das Grundtempo für M und E ist sehr schnell, entscheidungsfreudig und spontan. Dafür sind Geduld und Ruhe eine echte Herausforderung. Dies fällt G und T dageggen leicht, die eher überlegt und langsam unterwegs sind.

M und G knüpfen Beziehungen eher sachlich/distanziert und brauchen nicht so viel Nähe wie E und T, die sehr beziehungsorientiert sind.

GEWISSENHAFTE + TEAMPLAYER

Du bist überzeugt, dass durch aufmerksames Zuhören und durchdachte Verteidigungsstrategien viele Unstimmigkeiten vermieden werden können, zeigst dich als rational und vernünftig denkende Person. Deine Motivation schöpfst du aus dem Wunsch, deine Kenntnisse und ein Gefühl von Ordnung in einem harmonischen Umfeld einzusetzen. Obwohl du manchmal zur Vorsicht tendierst und dich auf bewährte Methoden verlässt, vermeidest du Konflikte eher und fühlst dich in stabilen und kontinuierlichen Beziehungen am wohlsten. Deine Effektivität im Training mit deinem Hund kannst du steigern, indem du Konflikten nicht aus dem Weg gehst und direkter kommunizierst.

WIE ERKENNE ICH MEIN GEGENÜBER?

Beim Händeschütteln kannst du oft erkennen, mit wem du es zu tun hast:

Die Macher: Meist kräftiger Händedruck, direkter Blickkontakt. Typischer Satz: *„Lass es uns gleich machen."*

Die Extrovertierten: Lockeres Zugehen, oft mit einem Scherz, langer Blickkontakt, Lächeln, langes Händeschütteln oder Umarmung. Typischer Satz: *„Wir machen es gemeinsam und haben Spaß."*

Die Teamplayer: Bei Bekannten herzliche Umarmung, bei Unbekannten zögerlicher und weicher Händedruck. Typischer Satz: *„Lass es uns mit Bedacht machen, lass uns ein Team sein."*

Die Gewissenhaften: Kurz, direkt, mit viel Distanz, eher schwacher Händedruck. Typischer Satz: *„Lass es uns richtig machen."*

Die Körpersprache eines Machers kann auch einmal übergriffig ausfallen.

Ein Extrovertierter kann, um jemanden mitzuziehen, auch im Geschehen übertreiben.

☞ EXTRA

TEST ZUR SELBSTREFLEXION

Nachdem wir die verschiedenen Verhaltenstendenzen betrachtet haben, ist es an der Zeit, tiefer in deine persönliche Reflexion einzutauchen. Diese Fragen sollen dir helfen, über deine Rolle sowohl im beruflichen als auch im privaten Umfeld nachzudenken, deine Sicherheit und Wünsche zu erkunden und zu überlegen, wie du dich selbst in der Zukunft sehen möchtest. Deine Antworten können Aufschluss darüber geben, welche Tendenzen dich am stärksten prägen und wie du deine Zukunft gestalten möchtest. Lass uns gemeinsam erkunden, wer du bist und wer du sein möchtest.

Wenn du auf dein Leben zurückschaust, wie würdest du dich im Alter von 80 Jahren gerne beschreiben?

___

___

___

Was glaubst du, hätten sich deine Eltern für dich gewünscht? Welche Rolle hätten sie idealerweise für dich gesehen?

___

___

___

Stell dir vor, eine gute Fee erfüllt dir drei Wünsche. Wer wärst du dann?

___

___

___

Fühlst du dich in deiner beruflichen oder privaten Rolle wohler?

___

___

___

In welchem Bereich – beruflich oder privat – empfindest du mehr Sicherheit und fühlst dich mehr angekommen?

___

___

___

Kannst du beschreiben, woran du das festmachst?

___

___

___

Was würden Personen aus deinem Umfeld (Kollege/Chef/Partner/Freundin) zu diesen Ergebnissen sagen?

___

___

___

Schreibe drei wichtige Erkenntnisse auf, die du über dich selbst gewonnen hast.

___

___

___

Überlege, inwiefern diese Einsichten für dein Training hilfreich sein können.

___

___

___

Stell dir vor, dein Hund könnte sprechen und hätte den Test und deine Ergebnisse gelesen. Was glaubst du, würde er zu diesen Ergebnissen sagen?

___

___

___

Wie kannst du basierend auf diesen Erkenntnissen neue Verhaltensweisen entwickeln?

Überlege, welche Schritte du unternehmen kannst, um positive Veränderungen herbeizuführen.

Wie kannst du deine Beziehung mit deinem Hund so anpassen, dass sie besser zu deinen Verhaltenstendenzen passt? Denke darüber nach, was du ändern kannst, um eine harmonischere Beziehung zu fördern.

Was könnten neue Ideen sein, um deinen Hund zufriedener und glücklicher zu machen? Erwäge, was du tun könntest, um das Wohlbefinden deines Hundes zu steigern.

Was gefällt dir an dem Ergebnis des Tests und was weniger?

Gibt es Aspekte, die du dauerhaft ändern oder modifizieren möchtest, auch wenn dies bedeutet, dass andere Bereiche möglicherweise negativ beeinflusst werden könnten?

PERSÖNLICHKEIT: HUND

VERHALTENSTENDENZEN UND IHRE WIRKUNG

Nachdem wir uns intensiv mit den menschlichen Verhaltenstendenzen beschäftigt haben, wenden wir unseren Blick nun unseren vierbeinigen Begleitern zu.

Wie wir Menschen, haben auch Hunde ihre individuellen Charaktere und Verhaltenstendenzen, die unsere Beziehung zu ihnen und ihre Reaktionen auf uns und die Umwelt maßgeblich beeinflussen. Man muss in Beziehungen beide Seiten betrachten und unser Hund hat mit seinem Verhalten auch auf uns jede Menge Einfluss.

Je nachdem, für welchen Hund wir uns entschieden haben, wird er unser Leben beeinflussen. Er wird es bereichern und wir werden nach dieser Beziehung nie mehr die gleichen sein: jede Begegnung, jeder Partner, jeder Freund kann uns verändern. Ein Hund, der täglich um uns ist und uns gut lesen kann, wird unser Weltbild nochmals auf eine andere Art und Weise mit Begriffen wie Liebe, Ohnmacht, Trauer, Freude und Nähe durcheinanderbringen.

In diesem Teil des Buches werden wir uns das Modell im Hinblick auf Hunde ansehen und durchdenken. Danach gibt es einen Test und die Einteilung der Hunde. Wir werden über die Stärken und Schwächen reden und die Gründe für ihr Verhalten. Im Anschluss folgt das Training, die Führung und was wir beachten müssen, wenn wir die unterschiedlichen Typen in ihrem Verhalten verändern wollen. Wir reden über Hunde untereinander und in der Mehrhundehaltung und ihr erfahrt mehr über Ängste, Leinenaggression und Jagdverhalten.

Ein Herdenschutzhund-Mix (rechts) trifft einen Segugio Italiano (Jagdhund).

EINZIGARTIGKEIT UNSERER HUNDE

Einige unserer Hunde, vielleicht sogar der größte Teil, sind für ganz spezielle Zwecke gezüchtet. Diese Bestimmung dürfen wir nicht aus den Augen verlieren, wenn wir unsere Hunde in ihre Verhaltensdimensionen einordnen. Diese Genetik bzw. Epigenetik bringen sie mit und bestimmte Charaktereigenschaften wurden gewünscht und dementsprechend gezüchtet.
So weisen natürlich auch Tierschutzhunde je nach Herkunftsland eine Genetik bzw. Epigenetik auf, die genau dort zu den Menschen und deren Anforderungen passt. So zeigen sich beispielsweise rumänische Hunde oft misstrauisch, Herdenschutzhunde bewachen Haus und Hof und alle, die sich darauf befinden, und Windhunde suchen den Horizont nach jagdbarem Getier ab. In jedem Land finden sich Jagdhunde, Schutzhunde oder Gesellschaftshunde.
Ein Herdenschutzhund z. B., wird eigene Entscheidungen treffen, wenn sein Mensch dies nicht für ihn übernimmt. Es wäre in seinem Ursprungsland auch unsinnig, erst auf den Hirten zu warten, wenn sich ein Feind seiner Herde nähert. Er benötigt eine andere Führung als etwa ein Labrador, der dafür gezüchtet ist, mit dem Menschen zusammenzuarbeiten und durchaus auch freundlich mit einem anderen, ihm eigentlich fremden Jäger kooperieren kann. Es gibt Hunde, die besonders für ihre soziale Verträglichkeit gezüchtet wurden und solche, die weniger verträglich mit Artgenossen sind. Wichtig ist, dass du dir bewusst machst, welche genetischen Anlagen der Hund in deinem Leben hat.

»Individuelles Training funktioniert nur, wenn man die einzelnen Individuen in der Beziehung (er-)kennt!«

Der Jagdhund ist ein E und fordert zum Spiel auf.

Der M-lastige HSH geht gerne auf das Spiel der Hündin ein.

Juno ist ein unsicherer Teamplayer, der sich mit fremden Menschen nicht gerne auseinandersetzt.

RASSETYPISCHE CHARAKTERE

Betrachten wir verschiedene Hunderassen, stellen wir fest, dass es, obwohl jeder Hund ein Individuum ist, typische Vertreter einer Rasse gibt. Der lebensfrohe Labrador, der jeden herzlich begrüßt und für jedes Abenteuer zu haben ist, verkörpert oft die Extrovertierten. Offen, mutig, neugierig und verfressen – er ist deshalb (aufgrund der Verfressenheit) leicht zu trainieren, was man auch züchterisch erreichen wollte.
Bei einigen Jagdhunden, wie z. B. dem Kleinen Münsterländer, aber auch bei einigen Schäferhunden finden wir den Teamplayer. Sie erfüllen gerne ihre Aufgaben und arbeiten eng mit dem Menschen oder ihrer Meute zusammen. Ihre soziale Verträglichkeit und die starke Bindung an ihre Gruppe oder eine Bezugsperson sind für sie überlebenswichtig.
Ganz anders der Terrier, der nicht darauf aus ist, freundliche Gespräche mit Wildschweinen zu führen, sondern der Herausforderungen liebt, schnell und zielgerichtet agiert. Ohne den absoluten Willen, in Konflikte zu gehen, wäre dies nicht möglich. Er ist der geborene Macher.
Oft finden wir die Gewissenhaften unter den Herdenschutzhunden oder spanischen und einigen orientalischen Windhunden. Sie treten nicht sofort in den Vordergrund, fügen sich in Autoritätsstrukturen ein, ganz anders als der Macher. Sie arbeiten präzise, sind zurückhaltend und vorsichtig. Wenn es jedoch um ihre Aufgabe geht, zeigen sie Durchsetzungsvermögen und bleiben detailverliebt konsequent. Ein Herdenschutzhund, der ruhig in einer Gartenecke liegt, ist vielleicht unauffällig, aber seine Arbeit, den Garten zu beschützen, nimmt er sehr ernst.

MEHR ALS NUR GENETIK

Doch unser Hund ist in der Tat weit mehr als seine genetische Veranlagung. Genauso wie bei uns Menschen wird das Verhalten unserer Hunde maßgeblich durch ihre Lebenserfahrungen und durch unterschiedliche Menschen geformt und beeinflusst. Es ist wichtig, diesen Unterschied zu erkennen und entsprechend darauf einzugehen.
Aber auch Hunde aus dem Tierschutz zeigen uns oft, wie tiefgreifend die Spuren sein können, die frühere Erlebnisse hinterlassen haben. Einige dieser Hunde hatten vielleicht

Er sucht sofort seine Bezugsperson auf.

Mit Unterstützung seines Menschen nähert er sich an.

schlechte Erfahrungen mit Menschen oder haben nie gelernt, ihnen zu vertrauen bzw. sie als etwas Positives zu betrachten. Diese Erfahrungen können dazu führen, dass sie Menschen gegenüber unsicher sind.
Die Bedeutung der Anerkennung dieser früh etablierten Verhaltensmuster kann nicht genug betont werden. Es erfordert von uns als Hundehaltende nicht nur Geduld und Verständnis, sondern auch eine angepasste Herangehensweise in der Erziehung und im täglichen Umgang. Aber gerade bei den ängstlichen Hunden sind wir gefordert, die wahre Persönlichkeit zu erkennen und zu fördern, die sich hinter der Angst verbirgt (Angst, siehe S. 95 ff.).

Dank der Unterstützung seiner Bezugsperson kann Juno nach kurzer Zeit sogar nach Futter betteln.

Beide Hunde sollen abwechselnd auf Signal ein Spielzeug „erbeuten" dürfen.

AUS DER PRAXIS

HEAVEN & FANNY – ZWEI SCHWESTERN, ZWEI WELTEN

Heaven und Fanny haben dieselben Eltern – doch in ihrem Verhalten könnten sie unterschiedlicher nicht sein.

HEAVEN – DIE SANFTE TEAMPLAYERIN

Heaven ist ein echter Teamplayer. Ihr größtes Ziel: Ihrem Menschen gefallen und alles richtig machen. In Erstbegegnungen mit anderen Hunden zeigt sie sich zurückhaltend und wählt ihre Spielpartner mit Bedacht. Am wohlsten fühlt sie sich mit vertrauten Hunden – idealerweise mit einem weiteren Teamplayer oder einem eher ruhigen gewissenhaften Hund, bei dem sie sicher sein kann, nicht überrannt zu werden oder sich behaupten zu müssen. Auch Menschen gegenüber ist sie anfangs zurückhaltend, jedoch ohne Angst. Im Dummytraining blüht sie auf, wenn sie viel Lob erhält – die Zufriedenheit ihres Menschen ist für sie die größte Motivation. Strenge oder gar Strafen würden sie dagegen verunsichern. Wenn sie etwas nicht

Fanny versucht Heaven abzudrängen.

richtig macht, dann nicht aus Trotz oder Ungehorsam, sondern weil sie die Aufgabe noch nicht vollständig verstanden hat.
Hier braucht sie Unterstützung, ein ruhiges, strukturiertes Training und genügend Zeit, um die einzelnen Schritte zu verinnerlichen. Fehler sind für sie kein Problem – solange sie die Chance bekommt, die Übung kleinschrittig zu wiederholen und Erfolgserlebnisse zu sammeln. Ein hartes Korrigieren würde sie hingegen aus der Bahn werfen und schlimmstenfalls dazu führen, dass sie die Arbeit ganz einstellt.

FANNY – DIE EXTROVERTIERTE DRAUFGÄNGERIN

Fanny hingegen ist das komplette Gegenteil von Heaven. Sie ist ein energiegeladener, extrovertierter Hund, der Spaß an der Arbeit hat – aber auf seine eigene Art. Für sie bedeutet Spaß vor allem Abwechslung und immer neue, spannende Herausforderungen. Sie lernt blitzschnell, langweilt sich aber ebenso schnell, wenn eine Aufgabe zu oft wiederholt wird. Sobald Routine aufkommt, sucht sie sich selbst Ablenkung und kommt auf eigene Ideen.

Im Training kann man ihr ohne Weiteres klare Grenzen setzen. Ein „das war nicht richtig" nimmt sie nicht übel – im Gegenteil, es spornt sie an, sich beim nächsten Mal noch mehr anzustrengen. Sie genießt die Herausforderung und will sich immer wieder aufs Neue beweisen.

ZWEI HUNDE, ZWEI TRAININGSANSÄTZE

So unterschiedlich Heaven und Fanny sind, so unterschiedlich muss auch ihr Training gestaltet werden. Wer mit beiden gemeinsam arbeitet, muss darauf achten, dass Fanny nicht sämtliche Aufgaben an sich reißt, während Heaven ihr aus Freundlichkeit den Vortritt lässt. Ohne klare Regeln würde Fanny begeistert alle Dummys holen, während Heaven sich zurückziehen würde – nicht, weil sie nicht will, sondern weil sie ihrer temperamentvollen Schwester den Spaß nicht verderben möchte.
Ein durchdachtes, individuelles Dummy-Training, das den Charakter beider Hunde berücksichtigt, sorgt dafür, dass sowohl Heaven als auch Fanny ihr volles Potenzial entfalten können.

Aufgeregt hofft sie, dass ich ihr das Spielzeug werfe.

Fanny bekommt einen Befehl von mir, zu warten.

DIE VIER CHARAKTERE

DIE MACHER (M)

Macher betrachten ihr Umfeld eher kritisch, sie neigen dazu, andere zu kontrollieren oder brauchen das Gefühl, dass sie das „letzte Wort haben“. Das heißt nicht, dass sie unsozial sind, aber sie möchten schon gerne, dass man sie anerkennt, respektiert und wollen in letzter Konsequenz das Zepter in der Hand bzw. Pfote behalten. Es ist für sie wichtig, dass sie selbstbestimmt ihr Ding durchziehen können. Stoßen sie auf Hindernisse, gehen sie zielstrebig hindurch, sie sind aktiv und entschlossen. Tendenziell sind sie eher wagemutig und selbstsicher, kraftvoll und bestimmend. Sie nutzen jede Gelegenheit, etwas selbstständig zu machen. Dabei reagieren sie schnell und entschlossen. Schwierigkeiten entstehen dann, wenn sie sich integrieren sollen oder etwas öfter tun müssen, was sie nicht herausfordert und dessen Sinn sie nicht verstehen. Unabhängigkeit ist ihnen wichtig, sie sind energisch und reagieren bei Konflikten eher ungeduldig genervt.
Unter Stress/Schwächen: ungeduldig, kontrollierend, impulsiv, leichtsinnig, Größenwahn, rücksichtslos

DIE EXTROVERTIERTEN (E)

Extrovertierte betrachten ihr Umfeld als angenehm, sind aufgeschlossen, neugierig, fröhlich und motivieren andere, sowohl Menschen als auch Hunde, Spaß zu haben. Sie möchten und brauchen sehr viel Aufmerksamkeit, stehen gerne im Mittelpunkt und lieben Abwechslung. Sie streben nach einem harmonischen Miteinander, suchen aber auch durchaus die Lücke im System, versuchen aber keinen wirklichen Ärger zu bekommen. Diese Hunde zu begeistern, ist nicht schwierig und sie sind äußerst flexibel. In schwierigen Situationen können sie schnell hektisch werden. Konflikte können sie annehmen und durchaus nach vorne gehen, aber meist nicht wirklich durchhaltend. Ängste unterdrücken sie manchmal, indem sie in Bewegung bleiben und damit ihren Stress abbauen.
Unter Stress/Schwächen: Zeigen sich Unsicherheiten massiv, sind dies Hunde, die gerne flüchten. Schwierig wird es oft bei Themen wie Impulskontrolle und Frustrationstoleranz; sie sind oft leichtsinnig, unkonzentriert, hektisch, extrem ablenkbar, distanzlos.

Eine sehr klare Tschechoslowakische Wolfshündin.

Ein witziges verspieltes E.

Eine junge Galga, die gefallen möchte.

DIE TEAMPLAYER (T)

Teamplayer möchten gefallen und sind in einer Hundegruppe sowohl Klebstoff als auch Krankenschwester. Mit ihren Menschen haben und brauchen sie eine Beziehung, die von Nähe, Liebe und tiefem inneren Verstehen geprägt ist. Sie möchten es gerne harmonisch. Im Gegensatz zu den Extrovertierten sind sie zurückhaltend bei neuen Begegnungen, aber können auch mit „Freunden" wild spielen und aus sich herausgehen. Teamplayer ziehen sich in unsicheren Situationen schnell zurück, machen sich quasi unsichtbar und brauchen dann das Gefühl, anerkannt und geliebt zu werden. Gemeinsam mit Freunden, in ruhigem und entspanntem Umfeld etwas zu unternehmen, wirkt auf sie sehr motivierend.

Unter Stress/Schwächen: schüchtern, kann sich nicht durchsetzen, nimmt sich zu sehr zurück, unsicher, neigt zu Selbstverletzungen.

DIE GEWISSENHAFTEN (G)

Gewissenhafte möchten und brauchen Struktur. Heute hier, morgen da, ein Mensch der sich ständig etwas Neues einfallen lässt und seine Entscheidungen verändert, verwirrt sie. Bei Veränderungen reagieren sie eher mit Stress und sind zumindest am Anfang skeptisch. Insgesamt sind diese Hunde genügsam und lieben einen geregelten Tagesablauf. In ihren Aufgaben sind sie fokussiert und „bleiben dran", hier können sie sehr durchsetzungsstark und gewissenhaft sein (z. B. sehr wachsam beim Bewachen eines Grundstücks). Unter Stress können sich diese Hunde zurückziehen. Mit anderen Hunden sind sie erst einmal beobachtend und zurückhaltend.

Unter Stress/Schwächen: zieht sich zurück, kann zwanghaftes Verhalten zeigen

Auch in jungen Jahren war er überlegt und ruhig.

ESCI – MEIN LEHRMEISTER IN SACHEN HUNDE

Esci kam als fünf Monate alter Herdenschutzhund zu mir – in einer Zeit, in der ich mich in meiner Arbeit als Hundetrainerin sicher fühlte. Ich hatte keine Zweifel an meinen Fähigkeiten. Hunde? Kein Problem für mich. Doch Esci lehrte mich eine der wichtigsten Lektionen: Man lernt nie aus! Da stand sie nun, frisch aus Spanien eingetroffen, vollkommen entspannt – und zugleich voller Widerstand. Vom ersten Moment an war klar: Diese Hündin hat ihren eigenen Kopf. Je besser ich sie kennenlernte, desto deutlicher wurde mir: Sie bleibt auf keinen Fall. Ihre Haltung war unmissverständlich: *„Ich bin dagegen!"*

Ich musste unweigerlich an die Pinguine mit Protestschildern aus Uli Steins Cartoons denken. Nur war Esci kein drolliger Pinguin, sondern eine junge, kompromisslose Hündin, die sich nichts vorschreiben ließ. Einschränkungen? Fehlanzeige. Stattdessen versorgte sie die Nachbarschaft regelmäßig mit ohrenbetäubendem Protest. Selbst Bewohner drei Häuser weiter kamen vorbei, um zu sehen, welcher Hund diesen Lärm veranstaltete. Saß sie, wenn Besuch kam angebunden am Esstisch – an einer Kette, denn alles andere hatte sich als wirkungslos erwiesen – und fixierte mich mit einem Blick, der Bände sprach. Wütend bellte sie mich an, als wolle sie mir eine Standpauke halten. Dabei wollte ich sie doch nur daran hindern, mir auf Schritt und Tritt zu folgen und meinen Besuch knurrend anzuspringen.

Draußen durfte sie nur an der Leine in den Garten – eine Sicherheitsmaßnahme, die ich irgendwann für überflüssig hielt. Der Garten war schließlich gut eingezäunt. Ein Fehler. Kaum spürte sie die Freiheit, ignorierte sie konsequent meine Aufforderung, ins Haus zu kommen. *„Kein Problem"*, dachte ich, *„dann bleib halt draußen. Irgendwann wirst du schon wollen."* Es hatte zwei Grad, Schneeregen setzte ein – doch Esci blieb unbeeindruckt. Nach vier Stunden wälzte ich mich unruhig im Bett, während sie unter dem Vordach lag, die Haustür offen. Seufzend gab ich auf. Ich zog mich an, briet Hühnchen, ging hinaus – und bettelte. Esci kam, fraß, sah mich an und schien zu sagen: *„Na also, geht doch."* Ab da wurde der Satz, *„die bleibt sicher nicht"*, zu einer täglichen Selbstlüge.

Ein Seminar mit Thomas Baumann brachte die Wende. Als er sie konfrontierte, schob sie sich ruhig, aber entschlossen vor mich, hob den Kopf und fixierte ihn. Langsam, aber unmissverständlich machte sie ihm klar, dass sie bereit war, für mich einzustehen. Thomas grinste: *„Wie alt ist die? Und du willst sie vermitteln? An wen? Behalte sie lieber."* Und so blieb sie.

Mit einem Jahr wurde sie zugänglicher. Ihr Protest-Schild kam seltener zum Einsatz. Dafür entdeckte sie das Jagen – und ihre Unverträglichkeit mit Hündinnen. Unkastrierte Rüden hingegen durften sich ihr nähern – aber nur, wenn sie höflich genug waren und im besten Fall Blumen und Pralinen mitbrachten.

Wir trainierten, und mit zwei Jahren war sie einfach großartig. Unsere Reibereien? Fast vergessen. Sie lief zuverlässig ohne Leine, arbeitete begeistert mit und wurde meine beste Mitarbeiterin. In der Welpengruppe war sie die nachsichtige, aber konsequente „Mama". In der Raufergruppe genügte ihre Anwesenheit, um für Ruhe

zu sorgen. Bei tiergestützten Einsätzen brachte sie Führungskräfte ins Schwitzen – und begegnete Patienten in der Psychiatrie mit unglaublicher Fürsorge.
Zu Hause in der Hundegruppe regelte sie Konflikte ohne zu beißen – nie unfair, nie ungerecht. Und für mich? Für mich war sie mehr als eine Hündin. Sie war meine Freundin, meine Mitarbeiterin, mein Fels, meine Mitte, mein Ein und Alles. Sie war da in guten wie in schlechten Zeiten. Unerschütterlich, kraftvoll, unabhängig – bis zum letzten Tag.
Die Führung eines Hundes wie Esci erfordert tiefes Verständnis. Stetiger Druck, Wut und reines wütendes Machtgehabe sind keine Option. Es galt, klare Regeln zu etablieren, ohne dabei jeden kleinen Vorfall zu einem großen Problem zu machen. Ich legte fest, was erlaubt war und was nicht, und kommunizierte dies direkt und deutlich, ließ ihr aber genug Raum, um ihr Gesicht zu wahren. Einmal verstanden, dass ich nicht wegen jeder Kleinigkeit intervenieren musste, entwickelte sich unsere Beziehung hervorragend. Wichtig war, bei grundlegenden Regeln wie Leinenführigkeit und Gehorsam konsequent und sehr klar zu bleiben, während ich ihr in anderen Bereichen Freiheiten gewährte.
Esci verkörperte alles, was einen „Macher“-Hund ausmacht: Ehrlichkeit, Klarheit, Durchsetzungsvermögen. Ob man es wollte oder nicht.

Wachsam und abwartend liegt Esci in der Nähe unseres Picknickplatzes.

ABBY – MEIN HUND, DER GEFALLEN MÖCHTE

Teamplayer Abby, die Nachfolgerin von Esci, verkörpert das Ideal eines Teamplayers. Für sie steht im Vordergrund, alles richtig zu machen, um mir zu gefallen. Sie sehnt sich danach, sich als fester Bestandteil unserer Gemeinschaft zu fühlen. Ein Gefühl des Angenommenseins und der dauerhaften Zugehörigkeit ist ihr enorm wichtig. Abby benötigt eine Führung, die sich grundlegend von dem unterscheidet, was für Esci nötig war. Um Konflikte zu vermeiden, ist ein behutsamer Ansatz erforderlich. Neue Lerninhalte werden deshalb in kleinen, nachvollziehbaren Schritten vermittelt, sodass sie kaum Fehler machen kann. Für jeden dieser Schritte erhält sie viel Lob, was ihr Selbstbewusstsein stärkt und ihr das Gefühl gibt, vieles zu können.

Sie braucht die Gewissheit meiner liebevollen Akzeptanz. Konflikte treten selten auf, außer in Momenten, in denen ich es versäume zu erkennen, dass sie sich überfordert fühlt. In solchen Situationen kann sie unruhig werden. Dann ist es umso wichtiger, sie mit Geduld wieder zu beruhigen und auf den ursprünglichen Lernpfad zurückzuführen. Bei Korrekturen achte ich darauf, sofort wieder einen freundlichen Ton anzuschlagen und zu bestätigen, dass wir ein Team sind. Dieser Ansatz unterstreicht die Bedeutung einer empathischen und konfliktfreien Führung für einen Hund wie Abby, der sich nach Sicherheit, Anerkennung und einem festen Platz in der Gemeinschaft sehnt. Abby braucht auch in der Hundegruppe oder bei Hundebegegnungen immer wieder meine Unterstützung.

Liebevolle Nähe und Schmuseeinheiten sind für Abbys Stabilität wichtig.

Selbst im hohen Alter von ca. 17 Jahren braucht Marla geistige und körperliche Auslastung, so wie die meisten E's.

MARLA – MEINE KLEINSTE

Die extrovertierte Marla, eine kleine Hündin von gerade mal 7 Kilo, kam als Pflegehund zu mir. Zuvor hatte ich angenommen, dass ich nur mit großen Hunden eine Beziehung auf Augenhöhe aufbauen könnte; kleine Hunde waren einfach nicht mein Fall. Doch Marla belehrte mich eines Besseren. Gleich zu Beginn überraschte sie mich, indem sie an der Schleppleine einen Jogger biss. Es schien ihr nicht nur Spaß zu machen, Joggern und Radfahrern nachzujagen, sondern sie genoss es regelrecht, die Leute zum Schreien und Radfahrer zu Fall zu bringen. Sie entpuppte sich als echte Extrovertierte. Das Erste, was sie bei mir lernte, war Ruhe zu bewahren und sich zu entspannen, selbst wenn nichts um sie herum passierte. Während unserer Spaziergänge lernte sie, dass Jogger und Radfahrer nicht gejagt werden dürfen – es wurde ein klares Abbruchwort konditioniert. Ich machte ihr deutlich, dass es auch andere Wege gibt, Spaß zu haben, z. B. mit einem Futterbeutel, den ich ihr erlaubte zu apportieren. Marla lernte schnell, ihr Jagdverhalten zu kontrollieren und Freude an erlaubten Aktivitäten zu finden. Es war wichtig, ihr klarzumachen, dass ihr früheres Verhalten nicht akzeptabel war, aber dass sie als Individuum geschätzt wird. Offenheit für Neues und die Vermeidung von Wiederholungen im Training waren essenziell, da Hunde wie Marla Abwechslung brauchen und sich austoben müssen. Ich fand es besonders wichtig, dass sie die Möglichkeit zum freien Laufen bekam, um ihre Energie sinnvoll einzusetzen.
Durch diese Erfahrung mit Marla habe ich gelernt, dass die Größe eines Hundes nicht bestimmt, wie tief und auf Augenhöhe die Beziehung sein kann. Jeder Hund hat einzigartige Bedürfnisse und Fähigkeiten, die es zu erkennen und zu fördern gilt.

ZWEI GALGA-MIXE – UND SO VERSCHIEDEN

Da standen sie vor mir auf der Wiese an unserem Treffpunkt. Die Dame aus Hannover und ihre zwei Galgo/Podenco ..., was auch immer, ... Mixe. Ich hatte schon eine Ahnung, was mich erwartete. Am Telefon war die Dame sehr klar. Die zwei jagen und ich will, dass das aufhört. Sie erzählte mir, dass sie sich schon suchend und angespannt umdreht, wenn im Fernsehen plötzlich Schafe oder Rehe rennen. Immer in hab Acht, ob die zwei noch da sind. Außerdem erzählte sie mir, dass sie eine tolle Auslauffläche für ihre zwei Windhunde hätte ... allerdings auf einer Pferderennstrecke, auf der auch trainiert wurde. Die zwei Hunde hatten wohl viel Spaß, die Jockeys und ihre Pferde zu hetzen. Ob ich ihr helfen könnte, sie würde wollen, dass das aufhört, sie hätte keine Lust mehr, sich schuldig zu fühlen und gegen Regeln zu verstoßen. Ich freute mich auf den Termin. Erstens kann ich gut mit Windhunden und ich liebe Menschen, die ein Problem sehen, es erfassen, reflektieren und viel dafür tun, dass es sich ändert. Kurzum, ich mag den Typ „Macher" und etwas zu bewegen und zu verändern ist genau mein Ding.

Die eine Galga kam erwartungsgemäß freudig auf mich zu. Ihre Augen leuchteten und hätte sie sprechen können, hätte sie mich gefragt, was wir heute Geniales unternehmen. Voller Vorfreude und in Erwartungshaltung guckte sie mich an, gespannt wie ein Flitzebogen, wann es denn endlich losging. Auf der Weide nebenan sah sie meine Pferde grasen und ich hätte schwören können, ein spitzbübisches Grinsen zu sehen. Na warte, dachte ich – es war klar, dass es mit dieser aufgeweckten Extrovertierten nicht leicht wird, aber diese Persönlichkeitstypen lassen sich gut beeindrucken und finden sie eine Alternative, die genauso viel Spaß macht, kann man sie mit gutem Training und etwas Ausdauer führen.

Dann habe ich mir die andere Hündin angeschaut. Sie stand immer noch neben ihrer Halterin und beäugte mich vorsichtig. *„Erst einmal abwarten"*, war ihre Devise. Vor mir stand eine wissende und kluge Hündin, die nichts dem Zufall überlies. So blauäugig und witzig ihre Kollegin war, so ernsthaft und introvertiert war sie. Sie konnte mich auf den ersten Blick nicht leiden. Ich versprach Veränderung. Woher sie das wusste? Keine Ahnung ... habe ich schon erwähnt, dass sie klug war? Sie spürte die Veränderung ihrer Halterin und meine Art ihr gegenüber. Ich wollte etwas von ihr, das hatte sie gemerkt. Doch das bedeutete, dass ihr eigener Weg, den sie stoisch ging, gestört wurde. Sie wusste genau, was sie wollte und sie hatte bemerkt, dass diese nervige Frau, die vor ihr stand, den gleichen Charakterzug hatte ... wenn auch nur im Hundetraining.

Sie war mir in puncto Disziplin und Genauigkeit haushoch überlegen und viel geduldiger. Sie lebte nach dem Prinzip *„steter Tropfen höhlt den Stein"*. Liebevoll mit ihrer Hundegruppe, aber sehr distanziert mit Fremden, Neuem und Dingen, die sie nicht einschätzen konnte. Dieses Setting hier würde zu Problemen führen ... und dazu hatte sie keine Lust. Sie mochte ihr Leben, in dem sie sich eingerichtet hatte. Die Halterin hatte den Blick ihres Hundes bemerkt und erzählte mir, dass diese Hündin tendenziell unsicher war und schwierig. Ich schaute ihr in die Augen ... und in dem Moment schwöre

ich, habe ich meinen Hut vor ihr gezogen. Du durchtriebenes Weibsstück, dachte ich ... sehr clever eingerichtet. Auch sie hatte die Pferde gesehen, aber anders als die andere Hündin, deren großes Interesse man sofort sah, tat sie desinteressiert. Ich hätte wetten können, dass sie sich schon eine Strategie überlegte, wie man mich davon überzeugen konnte, dass sie kein Interesse am Jagen hatte.
Deshalb fragte ich ihre Halterin, mit was sie diese Hündin belohnt, wie sie ausgelastet wird und was ihr Spaß macht. Obedience, war die Antwort. Sie mag die Routine und die Präzision der Übungen. Als sie kurze Zeit später versuchte, mein Pferd zu jagen, sah ich genau diese Charakterzüge. Ruhig, ernsthaft, entschlossen, die Aufgabe zu erfüllen, und sehr präzise. Zusammen mit der anderen Windhündin war es das perfekte Team. Die eine konnte spontan die Richtung ändern, war schnell in ihren Entscheidungen, vergaß alle Regeln und hatte nur den Spaß im Fokus. Sie dagegen war ernsthaft und sehr strukturiert, mit analytischer Fähigkeit, das Problem zu lösen. Ich musste lachen und meinte zu der Halterin: *„Wenn sie könnte, würde sie vor dem Jagen noch eine Excel-Tabelle erstellen.“*
Wir haben bei dieser Hündin die Regeln geändert und wurden sehr klar in der Aussage: *„Jagen ist verboten“*. Die Impulskontrolle war bei diesem Hund kein Problem, deshalb konnten wir direkt bei der Orientierung anfangen. Zudem haben wir ins Training folgendes eingebaut: bei Bewegungsreizen zuerst den Menschen anschauen und stehenbleiben, um nachzufragen. Belohnt wurde sie über ein kurzes Lob und eine Freigabe in manchen Situationen.

Die beiden Windhunde haben gelernt, dass man Rehe ignoriert. Die extrovertierte Hündin ist noch abgelenkt, während die schwarze Hündin G-typisch das akurate Vorsitzen wählt.

VERHALTENSTENDENZEN HUND IM ÜBERBLICK

	DIE MACHER (M)	DIE EXTROVERTIERTEN (E)
Tendenzen	— kritisch — kontrollierend — zielstrebig — wagemutig — selbstsicher — unabhängig	— begeistert — emotional — enthusiastisch — gesellig — verspielt
Training	— nutzt jede Gelegenheit für Selbstständigkeit — integriert sich ungern — verliert bei Routine das Interesse	— offen für Neues — schnell, mag spontane Aktivitäten — mag keine Wiederholungen oder detailreiche Aufgaben
Ziel	— Widerstände überwinden — sich durchsetzen	— Spaß und Harmonie
Bedürfnis	— Unabhängigkeit — Freiheit	— Spaß mit anderen — Neues kennenlernen
Mit anderen Hunden	— dominant — schnell in Entscheidungen — übernimmt das Kommando	— verspielt — integriert sich gerne — kann aufdringlich werden
Motivation	— beschützen — Selbstbestimmung — Respekt verschaffen — Herausforderungen	— gegenseitiger Spaß — Abwechslung — Feiern von Erfolgen
Schwächen	— übersieht Risiken — zu sehr auf Kontrolle fixiert — Aggressivität bei Einschränkungen	— Probleme mit Frust — Schwierigkeiten mit Impulskontrolle
Bewegung	— fordernd — zielstrebig — kontrollierend	— fröhlich — locker — schnell

DIE TEAMPLAYER (T)	DIE GEWISSENHAFTEN (G)
— zurückhaltend — kooperativ — will to please — geduldig	— beherrscht — gründlich — detailorientiert — nicht Multitasking-fähig
— braucht Zeit für Neues — viel Lob — kann mit zu viel Druck nicht umgehen	— braucht klare Anweisungen — mag Routine — möchte nichts Neues ausprobieren
— harmonisches Miteinander — Konfliktvermeidung	— präzise Ausführung von Aufgaben — klares, routiniertes Leben
— Sicherheit — Anerkennung — Liebe	— alles richtig und perfekt machen
— sozial in der eigenen Gruppe — zurückhaltend mit Unbekannten	— zurückhaltend — mischt sich nur ein, wenn Regeln nicht befolgt werden
— Lob und Anerkennung des Menschen — gemeinsame Aktivitäten	— Genauigkeit — Routine — detaillierte Anweisungen
— Unsicherheit — passives Verhalten — vermeidet Konflikte	— kann distanziert wirken — mag keine Konflikte, es sei denn, es geht um Aufgaben
— ruhig — vorsichtig — kann in vertrauter Umgebung und mit bekannten Menschen oder Hunden ausgelassen sein	— überlegt — ruhig — energisch

EXTRA

FRAGEBOGEN: WIE REAGIERT DEIN HUND?

Wie schon beim Test für uns Menschen (siehe S. 32), kann die Einschätzung des Hundes, ohne externen Blick, verzerrt sein. Auch bei unseren Hunden möchten wir ein möglichst positives Bild erreichen. Ein Blick von außen und eine Reflexion des Gehörten kann uns dabei helfen, unseren Hund in all seinen Facetten zu beschreiben. Auch einen Welpen kann man einschätzen, allerdings darf man nicht vergessen, dass sich der Charakter auch von den gemachten Erfahrungen beeinflussen lässt. Das heißt, ein Welpe, der eigentlich als Macher/Extrovertierter eingeschätzt wird, kann sich als 3-jähriger Hund nur noch als extrovertiert zeigen, wenn er in eine Hundegruppe kam, die schon von einem alten, souveränen Macher besetzt ist.

Bitte kreuze die Aussage an, die deinen Hund am besten beschreibt (nur ein Kreuz pro Frage). Bitte beachte, dass sich die Einteilungen der Persönlichkeitstypen ändern können, falls Krankheit oder Ängste vorherrschend sind. Dazu benötigt man einen fachlich kompetenten Hundetrainer/Hundetrainerin. Zudem ist jeder Hund ein Individuum und diese Zuordnungen dienen „nur" als Leitlinien, um die Persönlichkeit deines Hundes besser zu verstehen und entsprechend auf seine Bedürfnisse eingehen zu können.

1. UNBEKANNTER BESUCH KOMMT

- ☐ Er bleibt auf seinem Platz liegen, da er weiß, dass dies deine Regel ist.
- ☐ Er freut sich, bellt freudig und drängt sich in den Mittelpunkt.
- ☐ Er bellt und knurrt, verhält sich eher kontrollierend.
- ☐ Er freut sich, ist aber eher zurückhaltend, vor allem bei Fremden und schaut ab und an seinen Menschen an.

2. NEUES LERNEN

- ☐ Er ist bestrebt, alles richtig zu machen.
- ☐ Er versteht sehr schnell und setzt um. Wird es ihm langweilig, beginnt er Unsinn zu machen und lässt sich schnell ablenken.
- ☐ Er macht sein Ding, es sei denn, er sieht einen Vorteil, eine Herausforderung darin.
- ☐ Er braucht eher lange, bis er es gut umsetzen kann, bleibt aber ausdauernd bei der Sache.

3. BEGEGNUNG MIT ANDEREN UNBEKANNTEN HUNDEN

- ☐ Er ist tendenziell gestresst und versucht, zu dominieren, schränkt z. B. in der Bewegung ein. Er stoppt Dynamik.
- ☐ Er ist völlig verspielt.
- ☐ Er ist eher zurückhaltend und desinteressiert.
- ☐ Er ist zurückhaltend, aber interessiert und sucht freundlichen Kontakt.

4. IN SEINER EIGENEN HUNDEGRUPPE, DIE BEI IHM LEBT (MEHRHUNDEHALTUNG ODER SEHR GUTE FREUNDE)

- ☐ Er ist der zurückhaltende und liebevolle Kümmerer.
- ☐ Er drängt sich immer in den Mittelpunkt und spielt gerne.
- ☐ Er ist der Zurückhaltende, der gerne Distanz wahrt.
- ☐ Er regelt vieles und überwacht gerne.

5. BEI SICH WIEDERHOLENDEN AUFGABEN (20-MAL SITZ UND PLATZ)

- ☐ Er verliert die Geduld, geht einfach weg und verweigert die Mitarbeit.
- ☐ Er macht immer mit und versucht, es perfekt zu machen.
- ☐ Er möchte es richtig machen und bleibt dabei möglichst nahe am Menschen.
- ☐ Ihm wird schnell langweilig und er kaspert herum.

6. MOTIVATION

- ☐ Ihn motivieren Herausforderungen und das Regeln von Situationen.
- ☐ Ihn motiviert das Lob seines Menschen, also äußere Motivation.
- ☐ Ihn motiviert Spaß (Bewegung, Abwechslung, Dynamik) und Leichtigkeit.
- ☐ Ihn motivieren klar umrissene Aufgaben, die perfekt ausgeführt werden.

7. ENTSCHEIDUNGEN IM ALLTAG

- ☐ Er hält sich an Regeln.
- ☐ Er ergreift gerne die Initiative und zeigt Führung.
- ☐ Er zeigt eine natürliche Bereitschaft, sich unterzuordnen.
- ☐ Er trifft schnell Entscheidungen.

8. VORLIEBEN UND VERÄNDERUNG

- ☐ Abwechslung bereitet ihm Freude.
- ☐ Er schätzt Regeln und Routine.
- ☐ In Konfliktsituationen zeigt er sich schnell kompromissbereit.
- ☐ Konflikte meidet er nicht.

9. SOZIALE EIGENSCHAFTEN

- ☐ Er ist willensstark.
- ☐ Er ist gesellig.
- ☐ Er achtet auf die Bedürfnisse anderer.
- ☐ Er ist pflichtbewusst.

10. ERWARTUNGEN

- ☐ Er möchte sich geliebt und in seiner Gruppe sicher fühlen.
- ☐ Unabhängigkeit ist ihm wichtig; er möchte geführt, aber nicht kontrolliert werden.
- ☐ Spaß und Gemeinschaft mit Menschen oder Hunden machen ihn glücklich.
- ☐ Er möchte alles richtig und möglichst perfekt machen. Routine gibt ihm Sicherheit.

11. –15. CHARAKTEREIGENSCHAFTEN

☐ Tatkräftig	☐ Spontan
☐ Charmant	☐ Hartnäckig
☐ Loyal	☐ Freundlich
☐ Gehorsam	☐ Pflichtbewusst

☐ Zurückhaltend	☐ Gesellig
☐ Energisch	☐ Tonangebend
☐ Gutmütig	☐ Kritisch
☐ Einfallsreich	☐ Tolerant

- ☐ Neugierig
- ☐ Vorsichtig
- ☐ Abschreckend
- ☐ Abwartend

AUSWERTUNG

Kreuze bei jeder Frage die Aussage an, die auf deinen Hund zutrifft. Hast du alle angekreuzt, findest du den dazugehörigen Buchstaben auf S. 173. Notiere ihn dir davor. Zähle jeweils die Anzahl von M, E, T und G zusammen und trage die Zahlen in die unten stehenden Felder ein (die Gesamtsumme muss 15 betragen).

M	E	T	G
☐	☐	☐	☐

VERHALTENSTYPEN ERKENNEN

Um verschiedene Typen zu erkennen, kann man Situationen schaffen und beobachten, wie derjenige reagiert, entscheidet und handelt. So lassen sich typische Muster erkennen.

DIE MACHER

01 Etwas empört geht die Dobermann-Hündin auf den Spielzeugfrosch zu.

02 Sie wirft den sich bewegenden und singenden Frosch um, um zu sehen, was passiert.

03 Genervt und ärgerlich greift sie nach seinem Bein.

04 Imponierend trägt sie diesen seltsamen Frosch davon.

01 Die Tschechoslowakische Wolfshündin geht ebenfalls zielgerichtet auf den Frosch zu.

02 Sie ist sehr neugierig und begutachtet das seltsame Etwas.

03 Der Spielzeugfrosch wird von allen Seiten beschnuppert.

04 Der Frosch wird genau und ganz gründlich kontrolliert.

01 Auch dieser Hund nähert sich sicher und zielgerichtet dem Frosch.

02 Die Ohren nach vorne gestellt und den Blick auf den Frosch gerichtet.

01 Zuerst werden im Schiebebrett Leckerchen versteckt, die Hündin darf zuschauen.

02 Dann kann sie es kaum erwarten, sich dem Schiebebrett zu nähern.

03 Sie beäugt das seltsame Ding und riecht die Leckerchen.

04 Ungeduldig macht sie sich an dem Schiebebrett zu schaffen.

05 Mit vollem Körper- und Schnauzeneinsatz will sie an die Leckerchen gelangen.

Diese Dobermann-Hündin ist ebenfalls am Schiebebrett interessiert. Sie wird immer ärgerlicher und ungeduldiger, weil sie nicht an das Futter kommt.

Auch die Tschechoslowakische Wolfshündin setzt Pfoten und Krallen ein.

Sie läuft jedoch gelangweilt weg als sie merkt, dass das Futter nicht ihrem Geschmack entspricht.

DIE EXTROVERTIERTEN

01 Die Segugio-Hündin nähert sich ambivalent dem Frosch. Zuerst ist sie sicher und neugierig.

02 Sie möchte keinen Konflikt mit dem Ding und weicht aus.

03 Typisch E: Sie ist hin- und hergerissen zwischen Neugierde und Unsicherheit.

04 Die Neugierde gewinnt die Oberhand und sie schnüffelt an diesem seltsamen Ding.

05 Sie scheint zu fragen: „Willst du mit mir spielen?“ Doch ganz geheuer ist ihr der Frosch nicht.

01 *Die kleine Mischlingshündin nähert sich erst neugierig dem grünen Frosch, der sich singend auf sie zubewegt. Sie ist sich der Sache aber nicht ganz sicher.*

02 *Sie zögert und stellt sich im Abstand zum Frosch neben mich.*

03 *Der innere Konflikt mit dem Spielzeugfrosch ist zu groß.*

04 *Sie beginnt deshalb lieber mit mir ein interessantes Spiel.*

05 *Bei unserem Spiel mit Hand und Schnauze fühlt sich die Hündin sicher.*

01 *„Was ist denn das und wie funktioniert es?" Die schwarze Labrador Retriever-Hündin untersucht interessiert das Schiebebrett.*

02 *Schnell ist für diese extrovertierte Labrador-Hündin klar, wie es funktioniert und es gibt kein Halten mehr.*

01 *Egal, was man mit dem Brett macht, bei diesem Hund ist hohes Tempo angesagt. Schon bevor das Brett auf dem Boden ist, wird fleißig nach Leckerchen gesucht.*

02 *Ungeduldig und überschäumend macht sie sich ans Werk.*

03 *„Habe ich wirklich alle Leckerchen gefunden? Es könnte doch noch was drin sein …!“*

DIE TEAMPLAYER

01 Die Hündin bleibt erst einmal neben ihrem Menschen, wartet ab und denkt nach.

02 Der Frosch ist ihr doch etwas suspekt und sie wendet sich ihrer Halterin zu.

03 Auch ich kann sie nicht überzeugen, dem Frosch näherzukommen.

04 Irgendwie ist der Frosch ja schon spannend und er bewegt sich auch noch.

05 Der Frosch gibt Geräusche von sich und kann sich auch noch fortbewegen. Er bleibt aber „gruselig".

06 Erst als sich die Halterin neben den Frosch setzt, kann die Hündin ihn näher begutachten.

01 *Dasselbe Verhalten zeigt die Hündin auch beim Schiebebrett. Meine aufmunternden Worte und das Leckerchen in der Hand können sie nicht dazu bewegen, näher zu kommen.*

02 *Erst mit Unterstützung ihres Menschen nähert sie sich dem Brett an.*

03 *Dann fängt die Hündin an, es näher zu untersuchen und riecht die Lecherchen.*

04 *Ganz vorsichtig wird das Schiebebrett mit der langen Galga-Schnauze betätigt.*

DIE GEWISSENHAFTEN

01 *Was man nicht kennt, wird nicht gefressen! Bei einem gewissenhaften Typ hat man wenig Chance, ihn mit Leckerchen zu motivieren.*

02 *Hier spiele ich mit der Hündin, die mit ihm zusammen in einem Haushalt lebt und die sich sehr gut kennen. Trotzdem bleibt er erst einmal auf Abstand und wartet ab.*

Das Spiel der beiden kleinen Hunde ist ihm viel zu wild. Aber er schaut zu, ob seine „Mitbewohnerin und Freundin“ vielleicht Hilfe benötigt.

ERKENNE DIE PERSÖNLICHKEIT DEINES HUNDES

Das Verhalten deines Hundes kann dir wichtige Hinweise auf sein Persönlichkeitsprofil geben. Wenn du dieses verstehst, kannst du sein Verhalten besser interpretieren, entsprechend reagieren und trainieren. So sorgst du für ein harmonisches Miteinander und förderst eine positive Entwicklung deines vierbeinigen Freundes.

Beobachte deinen Hund einmal auf einer „Hundewiese", auf der sich mehr oder weniger ihm unbekannte Hunde befinden. Wie verhält er sich und zu welchem Typ kannst du ihn einordnen?

Eine Hündin des Typs „Macher" entdeckt eine Extrovertierte, die sich ihrer Meinung nach viel zu explorativ verhält.

01 Das ändert sich schnell und der Macher-Typ weist die E-Hündin in ihre Schranken.

02 Zurück bei seinem Menschen, ist für den Typ „Macher" alles wieder in Ordnung.

03 Die extrovertierte Hündin braucht erst einmal die Unterstützung ihres Menschen.

DIE MACHER

Macher kommen auf die Wiese und nehmen diese sofort mit ihrer Präsenz in Beschlag. Sie bewegen sich fordernd und zielstrebig durch die Gruppe, checken bei der Begrüßung ab und neigen dazu, andere Hunde zu blockieren oder wegzudrängen. Oft schon reicht ihre Anwesenheit aus, damit sich die anderen Hunde ruhiger verhalten. Ohne sich zu sehr zu präsentieren, verschaffen sie sich zuerst einen Überblick. Kommt ihnen ein Hund in die Quere oder ist unhöflich, zögern sie nicht, diesem seine Grenzen aufzuzeigen, bevor er weiter sein eigenes Ding durchzieht. Hunde, die zu aufdringlich sind oder eine zu hohe Dynamik aufweisen, werden von einem Macher unterbrochen (in ihre Schranken verwiesen / Verhalten wird abgebrochen). Eher instabile Macher-Typen dagegen mobben oder versuchen alles zu regeln und die völlige Kontrolle zu übernehmen.

Auch nach dem Konflikt ist der Macher wieder in einer hohen Spannung.

01 Zwei extrovertierte Hunde im Spiel.

02 Auch hier sieht man die gegenseitige Sympathie im Spiel.

03 Hier hat E im Spiel übertrieben und M bremst mit Pfoteauflegen.

DIE EXTROVERTIERTEN

Begegnen sich zwei E, dann knistert die Luft vor Energie. Sie tauchen voller Begeisterung ins Geschehen ein, stürzen sich in die Gruppe und versuchen, andere zum Spielen zu animieren. Sie lieben es, im Mittelpunkt zu stehen und mit möglichst vielen Hunden zu interagieren. Sie wollen Spaß, jetzt! Die Körpersprache ist locker und beschwingt. Egal, ob ein Jagdspiel mit anderen Hunden oder mit Gegenständen, ein kurzes Gerangel in einer Hundegruppe oder ein Schnauzenspiel mit einem bekannten Hund – Abwechslung ist Trumpf! Die Situation kann sich aber auch schnell hochschaukeln und genau darin liegt die Herausforderung. Diese Dynamik kann schnell kippen. Dann werden sie hektisch und kopflos und neigen dazu, immer mehr hochzufahren und zu kläffen. Auch bei Frust können sie Probleme bekommen. Das Stimmungsbarometer kann kippen, die Stimmung wirkt gereizt. Was hilft, ist ein kurzes Herausnehmen aus der Situation.

DIE TEAMPLAYER

Sie gehen eine Begegnung wesentlich ruhiger an. Teamplayer bevorzugen Beständigkeit, sind kompromissbereit und beim ersten Kontakt eher vorsichtig. Statt sich ins Getümmel zu stürzen wie die Extrovertierten, warten sie erst einmal ab. Sie suchen sich ganz gezielt ein oder zwei Spielkameraden aus, die sie kennen, um mit ihnen zu spielen. Konflikte versuchen sie zu vermeiden, wo immer es geht. Instabilere Teamplayer ziehen sich dagegen komplett zurück. Teamplayer brauchen in beginnenden Konflikten auch sofort die Unterstützung ihres Menschen, indem dieser z. B. den anderen Hund wegschickt.

01 Ein Teamplayer trifft auf einen Extrovertierten-Teamplayer-Mix.

02 Die erste Aktion ist ein Vorbeilaufen am anderen Hund.

03 So kann dessen Reaktion erst einmal abgewartet werden.

04 Nach einiger Zeit wird eine Spielaufforderung und ein vorsichtiges Spiel gezeigt.

01 Der gewissenhafte Typ bleibt erst einmal zurückhaltend bei seinem Menschen stehen.

02 Als ein weiterer Hund dazukommt, mischt er sich ein, um seiner Freundin beizustehen.

03 Nachdem er seiner Aufgabe gerecht wurde, kümmert wieder um seine eigenen Belange.

DIE GEWISSENHAFTEN

Diese Hunde bevorzugen es, das Geschehen aus einer gewissen Distanz zu beobachten. Sie halten sich lieber am Rand auf und erkunden in aller Ruhe ein paar Grasbüschel. Zu viel Trubel und Hektik sind nicht nach ihrem Geschmack. Bei vielen spielenden Hunden halten sie sich lieber zurück. Sie bewegen sich überlegt – dies kann manchmal einen depressiven Eindruck hinterlassen. Benehmen sich andere Hunde außerhalb der Norm bzw. des Erlaubten, agieren Gewissenhafte kurz, klar und deutlich, um sich dann wieder zurückzuziehen.

ZUSAMMENFASSUNG

Verhalten in einer ihm nicht bekannten Hundegruppe.

Macher: hören nicht zu, wissen was sie wollen, sind auf sich und ihre Wünsche konzentriert, ungeduldig, bewegen sich fordernd und zielstrebig, blocken oder drängen ab, kontrollierend, Rute hoch, Muskulatur angespannt

Extrovertierte: begeistert und emotional, begrüßen sofort (Macher begrüßen auch, aber abcheckend), bekommen gut Stimmungen mit, sind schnell und aufgeweckt, probieren alles, mögen Spontanes, bewegen sich fröhlich, können mit Frust Probleme haben, Rute halbhoch wedelnd, Muskulatur angespannt

Teamplayer: mögen immer das Gleiche, geben sehr schnell nach, vorsichtig bei Erstkontakt, geduldig, „will to please", bewegen sich vorsichtig und versuchen niemanden zu behelligen, konfliktvermeidend, Körpersprache eher unterwürfig bis neutral

Gewissenhafte: sind sehr beherrscht, meist unbeteiligt, mögen Details, sind gründlich, bewegen sich überlegt, können depressiv wirken, arbeiten konzentriert und fokussiert, nicht Multitasking-fähig, sind oft sehr angespannt und zurückhaltend

Zwei extrovertierte Hunde begrüßen sich und der gewissenhafte Hund hält sich zurück.

»Wir sind es nicht, die die Hunde vermenschlichen. Das haben diese nämlich schon selbst erledigt.«

Prof. Dr. Kurt Kotrschal

SIND HUNDE UNSERE FREUNDE?

Eine Freundschaft kann anstrengend sein, Kräfte raubend, nervig, ein ewiges Getändel zwischen Nähe und Distanz. Eine Freundschaft bedeutet Konflikte, ein Auseinandersetzen von zwei Individuen, die sich mal mehr und mal weniger aufeinander einstellen. Eine Freundschaft kann unendlich traurig sein und es besteht immer eine Gefahr von Verlust, egal, ob durch Streit oder Tod. Eine Freundschaft kann uns fast an den Rand des Wahnsinns treiben und dazu bewegen, alles zu hinterfragen. Im besten Fall bringt sie alles zum Vorschein, was wir nie wissen und sehen wollten. Und wir werden durch diese Freundschaft mit Willensanstrengung und Selbstreflexion zu einem hoffentlich besseren Ich. Die andere Seite der Freundschaft: jemanden neben sich zu haben, in guten wie in schlechten Zeiten. Eine Freundschaft bedeutet sein zu können, wie man ist und nur ein durchaus amüsiertes Lächeln voller Wärme zu ernten. Eine Freundschaft beinhaltet sich zu kümmern, nebeneinander zu stehen und miteinander durch alle Höhen und Tiefen zu gehen. Eine Freundschaft bedeutet Liebe, Akzeptanz und Wertschätzung. Ohne Freunde und ohne freundschaftliche Beziehungen ist die Welt grau und einsam.

Dein Hund ist hoffentlich auf eine gewisse Art dein Freund. Aber anders als bei einer Freundschaft mit einem Menschen, sind wir auch für ihn und sein Tun verantwortlich. Somit ist die Beziehung mit einem Hund nicht nur freundschaftlich geprägt. Wir müssen ihm auch helfen, sich in unserer Welt zurechtzufinden. Es ist ein Spagat, unseren Begleiter Hundedinge machen zu lassen und dennoch niemanden zu stören. Dies erfordert ein Verstehen des Hundes, aber auch ein durchdachtes Training und Klarheit gegenüber unserem Freund.

Die Frage ist: Reicht es, dem Hund alles über Signale bzw. Befehle beizubringen? Ist es nicht in vielen Situationen sinnvoller, ihm zu zeigen, wie man sich in unserer Welt verhält? Einfacher und alltagstauglich wäre es, wenn er z. B. weiß, dass man nicht einfach losjagt, andere Hunde in Ruhe lässt und immer ein Auge und ein Ohr bei seinem Menschen hat.

Zwei, die gemeinsam durchs Leben gehen.

DER HUND IM TRAINING

WAS BEDEUTET TRAINING?

Wir alle wissen: Ganz aus unserer Haut können wir nicht. Viele unserer Eigenschaften lassen sich mit der Zeit formen, doch komplett verändern? Das ist schwer und oft auch gar nicht nötig. Haben wir verstanden, warum unser Hund dieses unerwünschte Verhalten zeigt, können wir gezielt daran arbeiten.

Schließlich hat jede unserer Eigenheiten ihre Stärken und Schwächen. Genauso ist es beim Hund. Aber wie auch wir selbst kann der Hund seine Persönlichkeit nicht in jeder Situation ausleben. So ist es manchmal nötig, dass er entspannt an der Leine gehen kann oder ein „Nein" akzeptiert. Ein Rückruf, der in allen Situationen befolgt wird, gibt dem Hund und uns selbst Sicherheit und die Möglichkeit, mehr Freiheit zu genießen. Dieses entspannte Miteinander müssen wir uns manchmal erarbeiten. Was wirklich hilft: Konflikte annehmen, Grenzen setzen, nicht Veränderbares akzeptieren, Respekt undLiebe. Um eine Verhaltensänderung zu erreichen und Erfolg im Training zu haben, muss ich mich selbst und meinen Hund ehrlich reflektieren und analysieren. Welche Eigenschaften, Erfahrungen und Genetik bringt er mit? Was ist veränderbar, was nicht? Was würde ich mir wünschen? Welche Charaktereigenschaften sind den meinen ähnlich, welche sind unterschiedlich? Welche dieser Eigenschaften bewundere ich sogar? Einige Verhaltensveränderungen des Hundes brauchen auch eine Veränderung

Die Hündin versucht, das Leckerli zu bekommen.

Ein braves Sitz zahlt sich aus.

Bei manchen Problemen ist es wichtig, sich professionelle Unterstützung zu suchen.

bei mir selbst. Welche Veränderungen könnten dies sein und welche meiner Eigenschaften stehen dabei im Weg?
Wie viel bin ich bereit, dafür zu tun? Kann ich entspannt Konflikte annehmen und authentisch Grenzen setzen? Kann ich Ruhe bewahren und entspannt bleiben, auch wenn mein Hund hektisch wird?
Entscheidend ist, dass wir uns selbst reflektieren. Denn so sehen wir nicht nur das, was wir sehen wollen, sondern das, was ist, und arbeiten nicht an der Realität vorbei, ohne uns etwas schön zu reden.

ALLGEMEINE TRAININGSANSÄTZE

Training heißt, diese Gemeinschaft wohlwollend zu betrachten, ehrlich Stärken und Schwächen zu erkennen und zu verstehen, was im gesellschaftlichen Miteinander machbar und tragbar ist. Dabei hilft dir auch ein Blick von außen. Manchmal ist dazu eine erfahrene Person nötig, die einen professionellen Blick ohne Beziehungsemotionen auf dich und deinen Hund wirft und neutral analysieren kann.

Der Galgo fordert massiv ein Leckerchen ein.

Seine Bezugsperson weist ihn daraufhin zurecht.

DIE MACHER

Bedürfnis: Unabhängigkeit und Respekt sind ihnen wichtig. Sie mögen es nicht, kontrolliert zu werden, oder wenn Entscheidungen für sie getroffen werden. Kritik akzeptieren sie nur von jemandem, den sie als souveräne Führungsperson anerkennen.

Stärken: offen für Neues, mögen neue Herausforderungen, selbstbewusst, keine Probleme mit Veränderungen

Umgang: Achte darauf, dass dein Macher-Typ sein Gesicht nicht verliert, aber zeige klar auf, welche Verhaltensweisen du nicht tolerierst.

Training: Macher brauchen direkte, klare Anweisungen und danach die Freiheit, selbstständig zu arbeiten. Beim Loben solltest du nicht übertreiben – großes Lob für große Leistung, kleines Lob für kleine Leistung.

DIE EXTROVERTIERTEN

Bedürfnis: Sie brauchen viel Aufmerksamkeit und mögen es, im Mittelpunkt zu stehen.

Stärken: Flexibel und interessiert, anpassungsfähig, gute Kontaktfähigkeit

Umgang: Gewisse Regeln und Normen sind nötig, dürfen aber nicht zu streng sein, um den Spaß nicht zu bremsen.

Training: Gib deinem extrovertierten Hund eine Struktur vor, bremse ihn aber nicht zu sehr aus. Lobe ihn oft und gerne auch enthusiastisch; Erfolge dürfen ausgelassen gefeiert werden. Ein Spiel ist meist eine supertolle Verstärkung. Baue Ablenkungen mit steigender Intensität auf. Gleichzeitig braucht er immer wieder die Ruhe von dir, damit er sich entspannen kann und nicht überdreht.

Er will Abstand und würde es auch durchsetzen.

Es geht ihr nicht schnell genug – typisch E.

Der Teamplayer ist gerne mit seinem Menschen zusammen, egal ob im Spiel oder beim Kuscheln.

DIE TEAMPLAYER

Bedürfnis: Sicherheit und Anerkennung. Sie mögen keine Konflikte und reagieren empfindlich auf Kritik.
Stärken: können Ruhe halten, freundlich, möchten keine Konflikte mit anderen
Umgang: Setze den Abbruch dezent, um nicht zu verunsichern, sonst nimmst du deinem Hund den Selbstwert und raubst die Motivation.
Training: Ermuntere deinen Hund und gib ihm viele praktische Anleitungen. Viel Unterstützung und persönliches Lob sind wichtig, motiviere ihn über die Beziehung und zeige viel Verständnis. Ein Teamplayer braucht Zeit, um neue Aufgaben zu verstehen. Dann kann er stetig und freudig die Aufgaben erfüllen.

DIE GEWISSENHAFTEN

Bedürfnis: Struktur und vorhersehbare Routine. Sie mögen keine Veränderungen und brauchen von ihrem Menschen klare Anweisungen.
Stärken: bleiben immer gut ansprechbar, lange Aufgaben-orientiert, können Ablenkungen ausblenden
Umgang: Sei nicht zu harsch in der Kritik und biete viel Struktur.
Training: Brauchen Zeit, um Neues anzunehmen, und präzises Lob, da sie skeptisch reagieren, wenn ihr Mensch zu enthusiastisch lobt. Wenig offen für Neues, lieben Routinen.

Der G wartet geduldig und regelkonform auf ein Leckerchen.

EXTRA

GEDANKEN ZUM TRAINING

Wichtig ist es für ein Training mit unserem Hund zu erkennen, was ihn motiviert, wie man ihn am besten belohnen kann, was ihn wirklich „vom Hocker reißt" – und wir müssen erkennen, was seine Ängste und Sorgen sind.

Äußere Motivation: Wie weckst du Begeisterung?

Innere Motivation: Was macht dein Hund gerne?

Belohnung und Bestrafung: Welche Methoden passen für diesen Hund?

Kommunikation: Welche Art der Sprache versteht dein Hund am besten? Welche Tonlage spricht dein Hund an?

Konsequenz: Wie wichtig ist Beständigkeit im Training für deinen Typ Hund?

Interessen: Welche Aktivitäten liebt dein Hund besonders?

Beziehung: Wie beeinflusst ihr euch gegenseitig?

Ängste und Sorgen: Was verunsichert ihn und wie kannst du damit umgehen?

Stärken und Schwächen: Welche Eigenschaften stehen im Vordergrund, sowohl bei deinem Hund als auch bei dir selbst?

Wünsche: Welches Verhalten von dir würde sich dein Hund wünschen?

ANGST UND UNSICHERHEITEN

Angst ist ein vielschichtiges Thema – besonders bei Hunden. Wer mit einem unsicheren oder ängstlichen Hund lebt, sollte sich idealerweise Unterstützung holen.

Doch bevor man mit dem Training beginnt, ist es wichtig, die Art der Angst zu verstehen. Handelt es sich um Furcht oder eine generalisierte Angststörung? Liegt ein Trauma vor? Hat die Unsicherheit mit dem Haltenden zu tun oder entstand sie aus einem einzigen Moment heraus? Ist sie genetisch bedingt oder möglicherweise durch eine Erkrankung oder Hormone ausgelöst? Auch die Trainingsansätze sind vielfältig – und jeder hat seine Berechtigung. Entscheidend ist, den Hund als Individuum zu sehen und zu verstehen, warum er sich so verhält. Denn manchmal steckt hinter der sichtbaren Angst noch ein tiefer liegender Grund, der die Unsicherheit des Hundes nicht weichen lässt.

BEISPIEL: EIN HUND AUS DEM TIERSCHUTZ

Manche Hunde haben in ihrem Ursprungsland gelernt, vorsichtig zu sein. Sie mussten den Menschen genau beobachten, weil es für sie überlebenswichtig war – sie mussten unterscheiden, ob dieser Mensch einen Stein oder ein Stück Brot warf. Solch ein Hund kann nach einer langen Reise verstört in sein neues Zuhause kommen. Er hat gelernt, Menschen mit Vorsicht zu begegnen, sie genau zu studieren. Nun trifft er auf einen liebevollen, bemühten Menschen, der ihm helfen will. Doch so sehr der Mensch sich auch anstrengt, die Angst weicht nicht. Das kann beim Menschen Frust darüber erzeugen, dass er seinem Hund nicht helfen kann. Und der Hund, der gelernt hat, Menschen sehr gut zu lesen, spürt diesen Frust und bezieht dieses negative Gefühl seines Menschen auf sich.

Ein Hund, der Furcht vor Menschen hat, darf lernen, dass nichts Schlimmes bei diesem Menschen passiert. Wichtig dabei, dass man ihn nicht anfasst und nicht anschaut.

Je nach Menschentyp kann aus Frust auch Verunsicherung oder sogar Ärger entstehen – nicht über den Hund, sondern über die eigene Hilflosigkeit. Doch genau das registriert der Hund mit seinen feinen Antennen – eine Spirale beginnt. Diese Diskrepanz zwischen Nichtstun, nicht wissen, was zu tun ist, und dem hilflosen Zuschauen kann bei dem Hundehaltenden immer mehr Frust und andere negative Gefühle auslösen. All das wird der Hund auf sich beziehen. Er zieht sich weiter zurück, wird noch unsicherer. Der Mensch fühlt sich immer machtloser. Für den Trainer bzw. die Trainerin ist es daher wichtig, nicht nur den Hund zu sehen und seine Gefühle zu erkennen, sondern auch die Emotionen des Menschen.

Diese Hündin würde ohne Leine gerne flüchten. Hier ist sie in einem abgesicherten Areal. Draußen sind solche Hunde unbedingt an einem Sicherheitsgeschirr und mit Halbzughalsband doppelt gesichert zu führen und auch ein GPS-Tracker wäre wichtig.

CHARAKTERE BEI „FURCHT VOR MENSCHEN"

Ihr seht, Angst oder Unsicherheit, Furcht oder Trauma ist ein sehr komplexes Thema. Die Angst überlagert das Verhalten, macht es schwer, den Hund klar zu erkennen. Trotzdem gibt es Möglichkeiten, an denen man sich orientieren kann, welchen Charaktertyp man vor sich hat.
Um das Thema greifbarer zu machen, möchte ich mich im Folgenden auf eine besonders häufige Form konzentrieren: die Furcht vor Menschen – ein weit verbreitetes Thema bei Hunden aus dem Ausland. Bei diesen Hunden kannst du durch einen Test mit anderen Hunden erkennen, welcher Typ vor dir steht. Was im Training bei diesen Hunden zu beachten ist: Stell dir vor, du hättest Angst vor Schlangen und würdest nun im Urwald leben. Dann wäre es für dich auch wichtig, jemanden an deiner Seite zu haben, der sich auskennt und dich auf deinem Weg durch den Dschungel begleitet, um dir zu zeigen, wie man mit diesen Tieren umgeht, und was zu beachten ist. Jemanden, der dir hilft, dich sicherer zu fühlen und dich wieder selbstsicherer werden lässt. Allerdings im erlaubten Rahmen. Ein häufiger Fehler im Hundetraining besteht darin, den ängstlichen Hund mit einem Leckerchen

Diese Hündin fühlt sich unwohl.

zu einem angstauslösenden Fremden zu locken. Bewegt sich nun dieser Fremde, erschrickt der Hund. Dabei kann er entweder mit Flucht reagieren und er lernt, dass man auch jemandem mit Leckerchen nicht trauen kann. Oder er reagiert mit einem Scheinangriff, wobei die meisten Menschen dann in diesem Moment zurückweichen. Daraus lernt der Hund, dass sein „Angriff" erfolgreich war und wird dieses Verhalten öfters in solchen Situationen zeigen. Deshalb ist es wichtig, mit unsicheren Hunden an der Leine zu dem angstauslösenden Reiz zu gehen und ihn nicht zurückweichen oder angreifen zu lassen. So kann er die Erfahrung machen, dass nichts passiert, was ihm schaden könnte.

DIE MACHER

Macher brauchen eine stabile, souveräne Bezugsperson – jemanden, den sie als kompetent genug ansehen, um ihm zu folgen. Sie schließen sich nicht einfach einer Führung an, die sie für unsicher oder unfähig halten, denn in ihrem Selbstverständnis liegt die Verantwortung für ihr Leben allein bei ihnen. Geraten sie in eine unsichere Situation, sind sie durchaus bereit, sich mit aller Kraft – notfalls mit den Zähnen – zu verteidigen. Damit es gar nicht erst so weit kommt, müssen Macher-Typen lernen, dass sie in Momenten der Angst jederzeit zu uns kommen können und wir die Situation für sie klären. Das heißt nicht, dass wir einfach ausweichen – vielmehr geht es darum, ihnen zu zeigen, dass wir jederzeit in der Lage sind, auf einen sich nähernden Menschen oder eine potenziell bedrohliche Situation angemessen zu reagieren. Macher sollen gefordert, aber nicht überfordert sein. Gleichzeitig brauchen sie das Gefühl, dass ihre Meinung zählt, dass sie nicht einfach übergangen werden.
Da Macher von Natur aus gerne selbst Entscheidungen treffen, ist es umso wichtiger, dass sie erkennen: *„Mein Mensch hat alles im Griff!"* Eine klare, entschlossene Führung gibt ihnen die Sicherheit, die sie brauchen – nur dann können sie sich entspannen und wirklich vertrauen.

Der Hund geht ohne Unterstützung seines Menschen zu dem Fremden.

01 Die beiden Männer verunsichern den Galgo-Rüden.

02 Als sich sein Mensch den Männern nähert, …

03 … traut er sich danach etwas weiter vor.

04 Mit seinem Menschen wird er sicherer.

05 Allerdings ist die Leine zu lang …

DIE EXTROVERTIERTEN

Extrovertierte Hunde ziehen sich in Angstsituationen oft eher zurück bzw. flüchten. Ist eine extrovertierte Hündin unsicher im Umgang mit Menschen, kann ihr wahres Verhalten als extrovertierter Hund sichtbar werden, wenn sie ausgelassen auch mit fremden Hunden spielt. Doch sobald sich ein fremder Mensch nähert, bricht sie das Spiel abrupt ab. Gerade ängstliche Extrovertierte profitieren oft von einem souveränen, gut sozialisierten Hundekumpel an ihrer Seite. Der sichere Hund wird die Angst nicht ausradieren. Allerdings können durch das Spiel Stresshormone abgebaut werden. Gleichzeitig lässt sich der verspielte Charakter gezielt nutzen, um ihnen zu zeigen, dass Menschen nicht nur harmlos, sondern sogar positiv sind. Wenn der mit Fremden unsichere Hund mir etwa freudig einen Ball bringt, kann ich schrittweise Menschen in das Spiel mit einbeziehen: Erst läuft er

06 ... und er kann wieder ausweichen.

07 Seine Halterin motiviert ihn erneut.

08 Der Mann schaut bewusst in eine andere Richtung, damit der Galgo Kontakt aufnehmen kann.

nur an ihnen vorbei, dann stehen sie hinter mir, schließlich werfen sie ihm selbst den Ball, während ich ruhig an ihrer Seite bleibe. So lernt der Hund, dass fremde Menschen keine Bedrohung sind. Natürlich bedeutet das nicht, dass Spiel allein eine tiefsitzende Angst heilt. Gerade extrovertierte Hunde, die zu Hysterie neigen, brauchen eine ruhige, souveräne Konfrontation mit ihrem Angstauslöser. Wichtig ist, dass sie erleben: Es passiert nichts Schlimmes, die Situation ist nicht lebensbedrohlich. Anfangs kann ein solcher Hund fast schon tierschutzrelevant verängstigt wirken und kurzfristig immer hysterischer werden. Doch mit der Zeit lässt diese Reaktion nach – sobald er erkennt, dass es keinen Grund zur Panik gibt und kein Ausweg nötig ist. Da diese Art der Konfrontation Fingerspitzengefühl und Erfahrung erfordert, sollte sie unbedingt von einem Profi begleitet werden.

Dieser Teamplayer ist mit mir alleine unsicher.

DIE TEAMPLAYER

Teamplayer haben tief in sich verankert, dass sie gefallen möchten und suchen daher schnell Anschluss an ihre Gruppe oder ihre Bezugsperson. Genau diese Eigenschaft können wir nutzen, wenn unser Teamplayer in sozialen Situationen mit Unsicherheiten kämpft. Deshalb helfen ihm unter anderem andere sichere Hunde seiner eigenen Gruppe, aber vor allen Dingen seine Bezugsperson. Eine gute Möglichkeit ist, einen Teamplayer gemeinsam mit uns an eine fremde Person heranzuführen – und ihn dabei für jeden kleinen Schritt zu bestärken. Bekommt er in der Nähe des Fremden Futter und wird dabei gelobt, helfen wir ihm, den inneren Konflikt zwischen Neugier und Unsicherheit nicht allein bewältigen zu müssen. Entscheidend ist, dass wir unserem Hund Sicherheit geben und auf seine Körpersprache achten. Es kann helfen, wenn der fremde Mensch ihm anfangs den Rücken zudreht, um den Druck zu verringern. Folgt er seinem Menschen zur Fremdperson, wird er gelobt – und der fremde Mensch bewegt sich daraufhin wieder ein Stück weg. Das ist für ihn in diesem Moment der perfekte Lerneffekt: *„Setze ich mich mit diesem gruseligen Menschen auseinander, geht er weg."* Dadurch hat der Hund eine Lösung gefunden: *„Ich gehe mit meinem Menschen zu der Person, die mir Angst macht."* Der Teamplayer lernt Schritt für Schritt, dass er in sozialen Begegnungen weder allein, noch ausgeliefert ist, sondern sich auf seinen Menschen verlassen kann.

Steht sein Mensch an meiner Seite, interessiert er sich für Futter.

DIE GEWISSENHAFTEN

Sie brauchen in unsicheren Situationen Routine, an die sie sich klammern können. Es ist ja eh schon alles sehr aufregend und für gewissenhafte Hunde braucht es Abläufe, die sie einschätzen können. Bei diesem Typus ist es durchaus möglich, über den Clicker zu arbeiten. Es ist sehr wichtig darauf zu achten, dass gewissenhafte Hunde viel Zeit brauchen, um alles genau zu durchdenken. Für die Gewissenhaften ist es am Anfang wichtig, eine Tagesroutine zu etablieren.

DER ANGST BEGEGNEN

Ein zentraler Leitsatz für das Training mit Hunden aller Verhaltenstypen, die eine unrealistische Panik vor bestimmten Situationen oder Gegenständen haben, lautet: *„Von der Angst weg, geht durch die Angst hindurch."* Das bedeutet, dass wir nicht versuchen sollten, der Angst aus dem Weg zu gehen, sondern sie gezielt in kontrollierten Schritten durchleben müssen. Nur wenn Hund und Mensch die Erfahrung machen, dass nichts Schlimmes passiert, wenn sie sich mit dem Angstauslöser auseinandersetzen, kann die Angst allmählich verblassen.

Jede positive Erfahrung, in der die befürchtete Katastrophe ausbleibt, hilft, die Angst Stück für Stück abzubauen. So lernen nicht nur der Hund, sondern auch wir selbst, dass viele Sorgen unbegründet sind – und mit jeder erfolgreichen Konfrontation wächst das Vertrauen in die eigene Fähigkeit, mit schwierigen Situationen umzugehen.

Da wir uns alle nicht gerne mit unseren Ängsten auseinandersetzen und das Konfrontiert-Werden erst einmal kein schönes Gefühl ist, braucht es eine gewisse Form von Zwang, entweder durch uns selbst oder von einer Person von außen. Beim Hund bedeutet dies, dass wir ihn ein Stück weit „an die Hand nehmen müssen" und in die Angst bzw. die Situation zwingen. Ein einfaches Aussitzen und warten, bis der Hund von alleine diese Situationen lösen wird, ist vor allen Dingen bei einem Teamplayer und Gewissenhaften fast aussichtslos.

Misstrauisch beobachtet der Rüde den Mann.

Dann wagt er sich aus der sicheren Deckung.

☞ EXTRA

DAS DRAMADREIECK

Psychologische Dynamiken im Tierschutz und Hundetraining

Das von Stephen Karpman entwickelte Konzept des Dramadreiecks beschreibt eine tief verwurzelte Interaktionsdynamik, die sich nicht nur in zwischenmenschlichen Beziehungen, sondern auch in der Mensch-Hund-Interaktion widerspiegelt. Besonders im Tierschutz und Hundetraining zeigt sich dieses Muster häufig.

Ein Beispiel: Der Hund wird als Opfer gesehen, die engagierte Bezugsperson nimmt die Rolle des Retters ein, während der Trainer/die Trainerin als Täter wahrgenommen wird. Interessanterweise kann sich diese Dynamik umkehren, wenn der Hund zum Täter wird, Hundetrainer*innen die Rolle des Retters übernehmen und die Bezugsperson sich in der Opferrolle wiederfindet.

Der Hund als Opfer – der Mensch als Retter

Der Hund wird als leidendes Wesen wahrgenommen, das auf die Hilfe von Menschen angewiesen ist. Besonders im Tierschutz erleben Menschen ihre Hunde als hilfsbedürftige Opfer, die durch schlechte Erfahrungen, Vernachlässigung oder Misshandlung gezeichnet sind. Der Hund wird als emotional gebrochen dargestellt, wodurch eine übermäßige Fürsorge entstehen kann, die ihm langfristig seine Autonomie und Lernfähigkeit nimmt, vor allen Dingen, wenn der Hund Unsicherheiten zeigt.

— **Psychologischer Nutzen für den Menschen:** Bestätigung der Retter-Rolle und das Gefühl, gebraucht zu werden.

— **Typische Aussagen der Bezugsperson:** *„Er hatte eine schwere Vergangenheit, deshalb kann ich das nicht von ihm verlangen."*

Während es verständlich ist, dass man einen Hund nach traumatischen Erfahrungen schützen möchte, kann eine Opferzuschreibung langfristig seine Fähigkeit zur Anpassung und Selbstbewältigung einschränken. Das heißt, es führt dazu, dass der Hund keine Eigeninitiative „Raus aus der Angst" zeigt, sondern sich in seinem Leben einrichtet und die Entwicklung stagniert.

Hundetrainer*innen als Täter – der Blick von außen

Sobald Hundetrainer*innen ins Spiel kommen, die dem Hund und seiner Bezugsperson klare Grenzen aufzeigen und einen anderen Umgang mit der Angst einfordern, können sie leicht in die Täterrolle gedrängt werden. Dies geschieht vor allem dann, wenn Hundetrainer*innen darauf hinweisen, dass der Hund nicht nur Opfer, sondern auch ein Wesen mit eigenen Handlungsmöglichkeiten ist.

— **Grundgefühl der Bezugsperson:** Ablehnung, Verteidigung des Hundes

— **Typische Aussagen der Bezugsperson:** *„Warum so streng? Das macht ihm doch nur noch mehr Angst!"*

Während erfahrene Hundetrainer*innen wissen, dass klare Regeln einem Hund Sicherheit geben, kann die Bezugsperson in ihrem Retter-Denken gefangen bleiben und den Trainer/die Trainerin als „Täter" ablehnen, obwohl diese(r) lediglich eine lösungsorientierte Herangehensweise verfolgt.

Strategien zum Ausstieg aus dem Dramadreieck

Um diese ungesunde Dynamik zu durchbrechen, müssen alle Beteiligten ihre eigene Rolle reflektieren und Verantwortung übernehmen:

1. **Selbstwahrnehmung schärfen –** Die Bezugsperson muss erkennen, wann sie den Hund in eine Opferrolle drängt und sich selbst als Retter wahrnimmt.
2. **Konstruktive Kommunikation fördern** – Trainer/Trainerin sollte empathisch, aber bestimmt kommunizieren, um nicht als Täter wahrgenommen zu werden.
3. **Verantwortung übernehmen und abgeben –** Die Bezugsperson muss lernen, dass Erziehung nicht nur aus Fürsorge, sondern auch aus Führung besteht.
4. **Rollenerwartungen durchbrechen –** Der Hund ist kein Opfer, sondern ein anpassungsfähiges Wesen, das lernen darf.
5. **Offene Fragen stellen –** Warum glaube ich, dass mein Hund gerettet werden muss? Was würde passieren, wenn ich ihn mehr fördere?

Umkehrung der Dynamik

Wird der Hund aufgrund mangelnder Führung immer unsicherer oder beginnt, problematische Verhaltensweisen zu entwickeln (Aggression, Kontrollverhalten, Angstaggression), kann sich das Dramadreieck plötzlich umkehren: Der Hund übernimmt die Täterrolle, der Trainer/die Trainerin wird zum Retter und die Bezugsperson findet sich als Opfer wieder.

— **Grundgefühl der Bezugsperson:** Hilflosigkeit, Angst vor dem eigenen Hund
— **Typisches Verhalten des Hundes:** Angstaggression; der Hund hat gelernt, dass er durch Angriff einen Menschen auf Distanz halten kann.
— **Typische Aussagen der Bezugsperson:** *„Er knurrt mich an, aber ich kann doch nichts tun!"*

Der Trainer/die Trainerin wird nun nicht mehr als Täter, sondern als Retter angesehen. Dies zeigt, wie instabil die Rollen im Dramadreieck sind und wie schnell sich die Perspektiven ändern können.

Vom Drama zur Balance

Das Dramadreieck im Tierschutz und Hundetraining ist ein häufiges, aber lösbares Problem. Durch bewusste Reflexion und eine Veränderung der eigenen Perspektive kann eine gesunde, stabile Beziehung zwischen Bezugsperson, Trainer/Trainerin und Hund entstehen. Der Schlüssel liegt darin, den Hund nicht als Opfer zu sehen, sondern ihm durch klare Führung die Möglichkeit zu geben, sich selbstbewusst und sicher in seiner Umwelt zu bewegen.

Ein guter Trainer, eine gute Trainerin agiert nicht als Täter oder Retter, sondern als Begleiter auf dem Weg zu einer harmonischen Mensch-Hund-Beziehung.

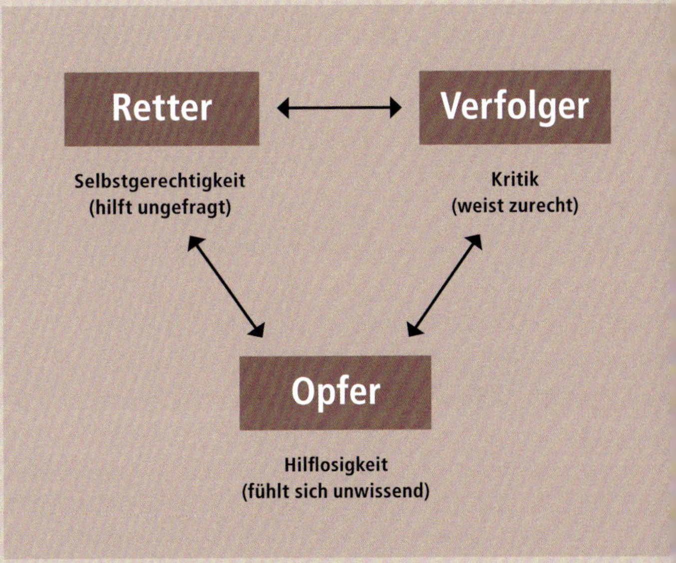

Das Dramadreieck

AUS DER PRAXIS

USCHI …

Ich hatte ein Einzeltraining mit Uschi, die wegen ihres sehr unsicheren Hundes aus Rumänien zu mir kam. Nach einigen Tests wurde deutlich, dass ihr Hund zu den instabilen „Extrovertierten", mit einem Anteil „Macher", gehörte – eine Kombination, die ihn ohne seine Ängste zu einem lustigen, zielorientierten und eigentlich extrovertierten Hund machte, besonders im Umgang mit anderen Hunden. Bei Fremden hingegen zeigte er Unsicherheit und Misstrauen. Er hatte gelernt, sich die Menschen vom Leib zu halten und eine Distanz herzustellen, indem er knurrend nach vorne ging.
Uschi, ein absoluter „Teamplayer", war dadurch verunsichert, aber sich der Unsicherheit ihres Hundes bewusst und wollte ihm den nötigen Halt geben. Sie hatte den Wunsch, dass sich ihr Hund sicher fühlt. Sie wollte es ihrem Hund so angenehm wie nur möglich machen. Jedoch neigte Uschi dazu, Konflikten aus dem Weg zu gehen und keine Führung zu übernehmen. Sie war hochmotiviert, ihrem Hund zu helfen. Ich erklärte und zeigte ihr, wie sie als Teamplayer die Führungsrolle übernehmen kann, um ihrem Hund die nötige Sicherheit zu vermitteln.
Es ist entscheidend, dass der Hund das Gefühl bekommt, sein Mensch weiß, was zu tun ist und dass dieser Mensch souverän mit Situationen umgeht.

In seinen Augen ist Angriff die beste Verteidigung.

DURCH PROBLEMLÖSUNG ZU MEHR SELBSTSICHERHEIT

Für Uschis Hund entwickelten wir spezielle Aufgaben, die ihm helfen sollten, Probleme zu lösen, Selbstsicherheit zu gewinnen und mit seiner Unsicherheit anders umzugehen. Wir arbeiteten daran, dass der Hund lernte, bei Unsicherheit hinter Uschi zu gehen und dort zu warten, anstatt die Situation selbst regeln zu wollen. Dieses Training half, ihm eine neue Taktik im Umgang mit seiner Unsicherheit zu ermöglichen.
Die Zusammenarbeit mit Uschi und ihrem Hund zeigte, wie wichtig es ist, die Führungsrolle anzunehmen, besonders bei unsicheren Hunden. Durch gezielte Übungen und das Verständnis für die individuellen Bedürfnisse des Hundes konnten wir einen Weg finden, die Beziehung zwischen Uschi und ihrem Hund zu stärken, ihm zu mehr Selbstsicherheit zu verhelfen, aber auch Grenzen zu ziehen.

Läuft ein Hund frei herum, sollte er auch immer – also in jeder Situation – abrufbar sein.

JAGDVERHALTEN

Viele Hunde jagen gerne und manche Rassen sind dafür gezüchtet. Dieses teilweise übersteigert gezüchtete Verhalten lässt sich nicht einfach wegtrainieren. Aber bei den meisten Hunden kann man eine Kontrolle des Jagdverhaltens und eine Abrufbarkeit erreichen.

DREI FAKTOREN DES TRAININGS

Jagdverhalten lässt sich in erster Linie auf drei einfache Faktoren eingrenzen:

1. **Kann er nicht?** – Selbstregulation, Impulskontrolle, Frustrationstoleranz und Selbstbeherrschung des Hundes. Ist es möglich, ihn trotz seiner zielgerichteten Aktion anzusprechen?
2. **Will er nicht?** – Gehorsam und Beziehung. Glaubt er mir, wenn ich etwas verbiete?
3. **Was bringt er mit?** – Genetik, Erfahrungen. Hat er schon mehrfach gejagt? Vielleicht auch erfolgreich?

1. KANN ER NICHT? – SELBSTBEHERRSCHUNG

Selbstregulation ist für Hunde genauso wichtig wie für uns Menschen. Sie zeigt sich in der Fähigkeit, Impulse zu kontrollieren, Frustration auszuhalten und angemessen auf Umweltreize zu reagieren. Ein Hund mit guter Impulskontrolle springt nicht sofort auf, wenn die Tür aufgeht, reißt nicht an der Leine, wenn er einen anderen Hund sieht, und kann abwarten, wenn er etwas möchte. Doch diese Fähigkeit ist nicht angeboren – sie muss erlernt und trainiert werden. Gerade junge oder ungestüme Hunde haben häufig Schwierigkeiten, ihre Impulse zu zügeln. Ein wichtiger Aspekt dabei ist der Umgang mit Frust. Hunde, die nie lernen, dass nicht jeder Wunsch sofort erfüllt wird, neigen zu Ungeduld und Unruhe. Klare Regeln, liebevolle Konsequenz und strukturierte Trainingseinheiten helfen ihnen, Frustration auszuhalten und sich an ihrem Menschen zu orientieren. Auch ein Leben, bei dem der Hund „einfach mal nicht wichtig ist" und der Mensch bei sich und seinen Wünschen bleibt, dient dazu, dass der Hund lernt, sich zurückzunehmen und Geduld zu haben. Letztlich stärkt eine gute Selbstregulation nicht nur das Zusammenleben, sondern auch die Bindung zwischen Hund und Bezugsperson – denn ein Hund, der sich selbst regulieren kann, bleibt entspannter in allen Lebenslagen. Kann sich der Hund auch in hohen Reizlagen zurücknehmen, kommen wir zu Frage 2.

2. WILL ER NICHT? – GEHORSAM

Die entscheidende Frage ist: Sind wir so mit ihm verbunden, dass er uns zuliebe etwas unterlässt, das ihm Freude bereitet? Vergleichen wir es mit einem Elternteil, der seinem 14-jährigen Sohn verbietet, auf eine Party zu gehen, weil am nächsten Tag eine Mathearbeit ansteht. Natürlich ist der Junge nicht begeistert – genauso wenig wie der jagdlich motivierte Hund, wenn wir ihn vom Hetzen abhalten. Doch in einer stabilen Beziehung wird er, mit genügend Selbstregulation ausgestattet, sich fügen – nicht aus Angst, sondern aus dem Bedürfnis heraus, die Beziehung zu erhalten. Aber wie trainiert man das, damit der Hund das Jagen unterlässt? Auch hier gibt es unterschiedliche Verhaltenstendenzen, die sich an den bereits besprochenen Hundetypen orientieren. Entscheidend ist, den richtigen Ansatz für den individuellen Hund zu finden – und mit Geduld, Konsequenz und einer starken Beziehung alle vier Quadranten der Lerntheorie zu nutzen.

Der Macher macht!

Macher-Typen machen, was ihnen Spaß macht, oder was ihnen Erfolg bringt. So war meine Herdenschutzhündin bei Rehen eher desinteressiert. Außer, wenn sie beobachten konnte, dass eines der Rehe hinkte. Dann wurde sie sehr schnell, bzw. wäre sehr schnell geworden, wenn ich sie nicht beobachtet und ihr Verhalten unterbrochen hätte. Sie hat sich sehr genau angeschaut, wie groß der Erfolg sein würde. Das heißt nicht, dass sie nicht auch Spaß daran gehabt hätte, hinter dem Hasenfell der Hasenzugmaschine herzurennen. Doch sie wusste

Drahthaariger Segugio Italiano

sehr genau, dass dies keiner „echten“ Jagd entsprach. Bei solchen „Spielchen“ ging es ihr ausschließlich um den Spaß am Rennen. Beim „echten“ Jagen war es ihr wichtig, dass es sich lohnt. Sie handelte immer sehr durchdacht.

Training: Macher brauchen eine klare Führung – dein Hund muss dich als souveräne Autorität akzeptieren, die Regeln setzt und diese auch durchsetzt… und zwar immer. Ist er auch in großer Ablenkung noch ansprechbar? Gleichzeitig sollte deinem Hund bewusst sein, dass es für ihn von Vorteil ist, mit dir als Team zusammenzuarbeiten. Sein ausgeprägter Tatendrang und sein Motivationsraster „Herausforderung“ will sinnvoll genutzt werden. Ihn einfach nur einem Ball hinterherjagen zu lassen, wird ihn schnell langweilen – er braucht eine Aufgabe mit echtem Mehrwert. Dummytraining kann eine tolle Möglichkeit sein, solange die Übungen anspruchsvoll genug sind und ihn immer wieder fordern. Auch kontrolliertes Jagen, in einem übersichtlichen Rahmen, kann eine sinnvolle Option sein, um sein natürliches Verhalten gezielt einzusetzen. Das heißt, er darf eine Spur ausarbeiten, nachdem er die Spur davor nur angezeigt hat.

Bei manchen Rassen – hier ein Galgo – ist es schwieriger, den Rückruf bei Wild durchzusetzen.

An der Reizangel kann man Vorstehen, Abbruch und Abruf trainieren.

Extrovertierte suchen den Kick!

Sie gehören zu den Hundetypen, die zu Suchtverhalten neigen. Sowieso schon schnell unterwegs und Spaß-orientiert, neigen extrovertierte Hunde dazu, gezielt solche Situationen zu suchen und natürlich auch zu finden. Dabei ist es ihnen oft egal, ob sie wirklich Erfolg haben – der Kick ist ihr Ziel. Es geht ihnen ums Hetzen, dabei muss es nicht mal unbedingt Wild sein. Es macht ihnen genauso viel Spaß und vielleicht manchmal sogar noch mehr, einen Jogger oder Radfahrer zu jagen.

Training: Bei diesen Hunden geht es darum, die Selbstregulation zu fördern. Dabei ist es wichtig, nicht nur eine Belohnung hinauszuzögern, sondern auch den Frust einer nicht erhaltenen Belohnung auszuhalten. Diese Typen lernen nämlich schnell, dass der Mensch ein Leckerchen wirft, den Hund kurz warten lässt, um ihn dann zu schicken. Er muss also nur kurz warten, dann hat er Erfolg. Er muss also seine Impulse nur kurz unter Kontrolle haben, bzw. er baut dadurch keinen Frust auf, weil er ja weiß, dass er das Leckerchen bekommt. Diesen Vorgang hat er als eine Art Übung abgespeichert.

Mit dem Würstchen kann man testen, ob der Abruf klappt …

… und ob die Orientierung am Mensch vorhanden ist.

Bei diesem Hund klappt der Abruf nicht.

Abruf an der Hasenzugmaschine.

Hat der extrovertierte Hund gelernt, mit Frust umzugehen und seine Impulse unter Kontrolle zu halten, dann ist es bei diesem Typ oft wesentlich leichter als beim Macher, sich durchzusetzen und ihm klarzumachen, dass er nicht jagen darf. Wichtig und fair ist es, für ihn einen Ausgleich fürs Jagen zu schaffen. Extrovertierte haben an allem Spaß, was mit Geschwindigkeit und schnellen Erfolgen zu tun hat. Eine Obedience-Übung, die zehnmal wiederholt wird, damit sie wirklich perfekt ist, ist eher nicht ihr Ding – wohl aber Dummytraining, Longieren oder Agility.

Es ist aber wichtig, dass sie lernen, sich auch hierbei zurückzunehmen, sich selbst an- und abzuschalten, also sich selbst regulieren zu können. Für diesen sehr neugierigen Hund ist das Training an der Schleppleine für eine gewisse Zeit äußerst vorteilhaft. Das beinhaltet auch, dass man immer wieder umdreht, sobald sich der Hund gedanklich verliert. In dem Moment erfährt er einen Zug am Geschirr. Er wird sich umdrehen, wieder aufmerksam und seinem Menschen folgen. Sobald er aufschließt, wird er gelobt. Dieses Training dient dazu, Orientierung und Konzentration zu erlernen.

IMPULSKONTROLLE UND FRUST

Um wirklich zu verstehen, was Impulskontrolle und Frust bedeuten, müssen wir uns in die Gefühlswelt des Hundes hineinversetzen.

Beispiel 1 – Belohnung kommt später

Stellt euch vor, ihr kommt zweimal pro Woche zu mir ins Training. Jedes Mal erwartet euch ein riesiges Buffet mit den köstlichsten Leckereien. Kaum angekommen, dürft ihr euch sattessen und genießen. Mit der Zeit wird euer Körper schon bei der Fahrt zu mir wissen, was kommt – und allein der Gedanke daran lässt euch das Wasser im Mund zusammenlaufen.

Doch eines Tages sage ich euch: Das Buffet ist zwar da, aber wir trainieren erst drei Stunden – dann gibt es Essen.

Impulskontrolle bedeutet, dass ihr mich nicht wütend zur Seite schubst, um euch sofort über das Buffet herzumachen.

Ihr haltet das Warten aus, weil ihr gelernt habt: Die Belohnung kommt später. Schon als Kinder mussten wir (hoffentlich) lernen, dass nicht jeder Wunsch sofort erfüllt wird. Anfangs mag es schwer sein, aber spätestens nach dem zweiten Mal wisst ihr, wie es läuft – und der Frust bleibt aus.

Beispiel 2 – Belohnung bleibt aus

Nun dreht sich das Szenario ein wenig: Ihr kommt wie gewohnt zum Training, voller Vorfreude auf das Buffet. Vielleicht habt ihr zu Hause extra weniger gegessen, um euch darauf zu freuen. Doch diesmal sage ich euch: Das Buffet ist heute nicht für euch, sondern für die Gruppe danach. Hier ist der Frust plötzlich viel größer – denn es geht nicht mehr um eine verzögerte Belohnung, sondern um ein echtes Nein. Und genau darin liegt der Unterschied: Etwas später zu bekommen, ist leichter auszuhalten, als etwas überhaupt nicht zu bekommen.

Diese Unterscheidung ist entscheidend im Hundetraining. Ein Hund kann lernen, dass er eine Belohnung mit Geduld und Ruhe bekommt. Doch ein echtes Verbot zu akzeptieren – das ist eine andere Herausforderung, die eine hohe Frustrationstoleranz und gegenseitigen Respekt erfordert.

Auf der Suche nach dem tollen Gefühl!

Ein Teamplayer, der gelernt hat, vorzustehen.

Teamplayer sind ein Geschenk!

Können Teamplayer ihre Impulse gut kontrollieren, ist das Abhalten vom Jagen fast spielend leicht. Sie sind bemüht, ihrem Menschen zu gefallen, und haben sie verstanden, dass ihr Mensch dies wirklich nicht möchte, können sie sich meist gut zurücknehmen. Sie orientieren sich gerne an ihren Menschen und brauchen eine leichte Führung. Bei Teamplayern könnte man gut das Vorstehen trainieren, damit sie ihr Jagdverhalten kanalisieren und gleichzeitig ihrem Menschen gefallen können.
Training: Das braucht etwas Zeit mit dem Teamplayer – langsam und Schritt für Schritt ist die Devise. Wird es zu viel auf einmal, kann dein Hund schnell überfordert sein. Und Überforderung führt oft dazu, dass er sich erst noch mehr anstrengt, dann aber frustriert aufgibt.
Deshalb: Feiere jeden kleinen Fortschritt! Viel Lob für Zwischenschritte stärkt das Selbstvertrauen und hält die Motivation hoch. Der Schlüssel liegt in der Freude daran, gemeinsam Neues zu lernen – in seinem Tempo.

Gewissenhafte halten sich an Regeln!

Macht man gewissenhaften Hunden deutlich, dass Jagen nicht die Regel und unerwünscht ist, werden sie dies beherzigen. Es sei denn, sie sind überzeugt, dass es doch ihre Aufgabe ist zu jagen oder es fehlt an den Basics (Orientierung am Halter).
Trainingsbeispiel: Cloe jagte ausschließlich Reiter, keine grasenden Pferde auf der Wiese. Dieses Verhalten wurde verboten. Kanalisiert wurde das Jagen mit der Regel, dass sie entgegen der Spur des Reiters mit der Nase diese noch ein Stück verfolgen darf.
Bei Cleo war es ein sehr deutlicher, vorher konditionierter Abbruch. Sie hat zuerst bei Kleinigkeiten (sog. Stellvertreterkonflikten) gelernt, dass sie, falls sie nicht auf das Abbruchwort reagiert und ihr Verhalten unterbricht, eine positive Strafe folgt. In diesem Fall war es Wegschicken und das Treiben über die gesamte Wiese. Dies empfand sie als sehr unangenehm und hat gelernt, dass es weniger Stress bedeutet, zu gehorchen.

HUNDE SINNVOLL INS LEBEN INTEGRIEREN

Fragen mich meine Kund*innen, wie ich meine Hunde beschäftige und was sie mit ihrem Hund machen sollen, dann frage ich sie, was ihnen denn Spaß machen würde. Es macht keinen Sinn, etwas gemeinsam zu unternehmen, wenn nur einer der beiden dabei Spaß und Freude empfindet. Das Gefühl, gemeinsam zusammenzuwachsen, braucht auch das gemeinsame Interesse und die gemeinsame Freude. Hunde brauchen nicht zwingend eine spezielle Beschäftigung, um glücklich und ausgeglichen zu sein. Ein gut sozialisierter und erzogener Hund ist oft schon zufrieden, wenn er seinen Menschen im Alltag begleiten darf – je nachdem, wie dieser Alltag aussieht. Um es übertrieben zu formulieren: Förster*innen, die ihren Hund täglich mit in den Wald nehmen, müssen nicht zusätzlich Agility machen. Auch kann ein Hund, der regelmäßig mit ins Restaurant, auf Ausflüge oder zu Freunden kommt, viele Eindrücke sammeln, die ihn geistig und körperlich fordern. Oder auch ein gemeinsames, soziales Spiel kann die Beziehung mehr festigen, als manch ausgeklügeltes Beschäftigungskonzept. Miteinander zu raufen, sich gegenseitig, abwechselnd zu jagen oder ein Zerrspiel kann je nach Typ und Beziehung genau das Richtige sein. Nach einem ausgiebigen Spiel sind sowohl Hund als auch Mensch erschöpft und man kann gemütlich zusammen auf der Couch kuscheln. Zeit für Gemeinsamkeit zu haben und sich wild zu bewegen, um danach entspannt zusammen zu ruhen, wird viel zu wenig berücksichtigt.

Auch halbblind und halbtaub kann Dummyarbeit Spaß machen.

Ein T und eine E, die sich kennen und spielen.

Nasenarbeit ist eine tolle Beschäftigung.

WELCHE BESCHÄFTIGUNG PASST ZU WELCHEM HUND?

Möchte man seinen Hund zusätzlich auslasten, sollte man sich an seinen natürlichen Anlagen und dem jeweiligen Motivationsraster, das sich aus dem Typenprofil ergibt, orientieren:

- Apportierhunde: Dummytraining
- Windhunde: Training an der Hasenzugmaschine
- Spürhunde: Nasenarbeit oder Geruchsdifferenzierung
- Hütehunde: Longieren, Mantrailing
- Treibhunde: Treibball
- Sportliche und arbeitsfreudige Hunde: Obedience, Agility, Zughundesport, ZOS®, Mantrailing, etc.

Bei Macher-Typen muss man darauf achten, dass sie genügend Herausforderungen haben. Ihnen macht es Spaß, immer wieder an ihre Grenzen zu gehen.
Extrovertierte arbeiten gerne mit anderen zusammen – oder einfach „Spielen unter Gleichgesinnten" – und sind offen für alles.
Teamplayer treffen gerne immer die gleichen Hundekumpels – aber eigentlich reicht ihnen das Leben mit ihren Menschen.
Gewissenhafte sind sehr oft mit Degility oder Obedience glücklich.

WORAUF ES WIRKLICH ANKOMMT

Entscheidend ist, dass der Hund eine sinnvolle Aufgabe hat – ob das nun eine gezielte Beschäftigung oder einfach die Integration in den Alltag ist. Regeln und Grenzen geben ihm Orientierung und Sicherheit, genau wie klare Erwartungen. Wichtig ist, dass die Anforderungen fair sind und der Mensch in der Lage ist, sie ruhig und konsequent zu kommunizieren.

»Es geht nicht darum, den Hund ständig zu „bespaßen“, sondern ihm ein erfülltes Leben zu bieten, das zu ihm und seinem Menschen passt. Hauptsache, er ist zufrieden, ausgeglichen und fühlt sich wohl.«

PÖBELN AN DER LEINE

Das Pöbeln an der Leine kann verschiedene Gründe haben: territoriale Aggression, Frust, Unsicherheit etc. Das alles kann zusätzlich durch Gefühle des Menschen verstärkt werden.

Fühlt sich der Mensch z. B. verunsichert durch das Verhalten seines Hundes oder ist es ihm peinlich, wird der Hund die Anspannung seines Menschen spüren. Letztlich schließt er daraus, dass auch sein Mensch sich in dieser Situation unwohl fühlt und wird als Grund den entgegenkommenden Hund verantwortlich machen, was die Situation sicher nicht entspannt.
Bevor man mit dem Training startet, sollte man als Bezugsperson deshalb genau wissen, warum der Hund dieses Verhalten zeigt. Je nach Verhaltenstyp können die Gründe dafür zunächst getestet werden.

VERHALTENSTESTS ZUR URSACHENFINDUNG

1. REAKTION AUF VERSCHIEDENE REIZE

Beginne mit der Beobachtung, wie dein Hund in unterschiedlichen Situationen reagiert. Zeigt er eventuell die gleich Reaktion wie beim Pöblen an der Leine, wenn du ihn anbindest und vor ihn ein Stück Wurst legst, das er nicht erreichen kann? Wie verhält er sich, wenn du dich entfernst, während er angebunden ist? Diese Szenarien helfen dir zu erkennen, ob ein generelles Problem mit der Frustration vorliegt. Sollte dies der Fall sein, sind Übungen zur Selbstregulation ein guter erster Schritt – dabei ist es wichtig, keinen Belohnungsaufschub zu schaffen (siehe S. 110).

2. VERHALTEN BEIM FALLENLASSEN DER LEINE

Fällt die Leine oder lässt du sie los, achte darauf, ob dein Hund sofort ein Spiel mit einem anderen Hund beginnt und spielerisch interagiert. Dies könnte ein Hinweis darauf sein, dass dein Hund gelernt hat, andere Hunde mit Spiel und Spaß gleichzusetzen – eine Verhaltensweise, die oft bei Hunden vorkommt, die als Welpen und

Eine Macherin beobachtet einen Hund.

Junghunde immer direkt und ungebremst zu anderen Hunden durften. Damit hat dieser Hund nie gelernt, nicht zu einem Hund zu gehen. Dies erzeugt nun Frust, was diese Hunde lautstark kundtun.
Die Leine kannst du natürlich nur fallen lassen, wenn du weißt, dass dein Hund anderen Hunden gegenüber freundlich ist. Würde dein Hund den anderen Hund aggressiv bedrängen, auf ihn zustürmen und dann kurz vorher abbremsen? Oder würde es zu einem Kampf kommen? Selbst unsichere Hunde können lernen, dass ein aggressives Zulaufen auf andere Hunde kurzfristig „erfolgreich" sein kann, indem es den anderen Hund einschüchtert. Die genaue Beobachtung der Körpersprache deines Hundes und wie sich die Situation weiterentwickelt, ist hierbei wichtig. Dies kann mit Maulkorb und unter Anleitung eines Trainers/einer Trainerin herausgefunden werden.

3. ANALYSE DER REAKTION BEI RÄUMLICHER TRENNUNG

Beobachte, wie dein Hund reagiert, wenn du ihn an eine Laterne bindest und dich entfernst, sobald er zu pöbeln beginnt. Achte darauf, ob er sich weiterhin auf den anderen Hund konzentriert oder dir nachschaut. Dies gibt Aufschluss darüber, ob sein Verhalten durch die Trennung beeinflusst wird und ob sein Verhalten sozial motiviert ist.

Indem du diese spezifischen Verhaltensweisen und Reaktionen deines Hundes auf verschiedene Reize und Situationen analysierst, kannst du ein besseres Verständnis für seine Bedürfnisse entwickeln. So erkennen wir das Gefühl hinter seinem Verhalten und können das Training darauf aufbauen. Das Training ist seinen Bedürfnissen angepasst, bringt aber auch Klarheit und somit Erfolg mit sich.

Um dann massiv ihren Ärger kundzutun.

EFFEKTIVE TRAININGS-ANSÄTZE

Effektive Trainingsansätze berücksichtigen die individuelle Persönlichkeit und die Bedürfnisse deines Hundes. Um problematische Verhaltensweisen wie das „Pöbeln an der Leine" gezielt anzugehen, musst du versuchen, die Motive deines Hundes in der jeweiligen Situation zu verstehen.
Indem du das Persönlichkeitsprofil deines Hundes verstehst, kannst du sein Verhalten besser interpretieren, entsprechend reagieren und trainieren. Nur so kannst du wissen, ob du das Verhalten abbrechen solltest, über Strafe arbeiten, Impulskontrolle in anderen Bereichen fördern oder auch dem Hund in seinen Ängsten helfen solltest. Nur wenn du das Motiv des Hundes kennst, weißt du, wie du sein Verhalten verändern kannst.
Jede Persönlichkeit hat eine höhere Wahrscheinlichkeit an Gründen für sein Verhalten. Bei Macher-Typen ist eine Statusaggression wahrscheinlicher und man würde als erstes diese Aggressionsform testen. Bei extrovertierten Hunden kann es Frust sein und bei Teamplayern eine Unsicherheit im Beziehungsgeflecht. Bei gewissenhaften Hunden kann es sich aus einer Überforderung heraus entwickeln.

DIE MACHER

Die Wahrscheinlichkeit für territoriale Aggression, Statusaggression oder sexuell motivierte Aggression ist sehr hoch.
Analyse: Wie verhält sich dein Hund in einer unbekannten Umgebung? Hält er sich mehr zurück und wirkt ruhiger als auf seinem üblichen Gassiweg?
Wie verhält er sich bei einem unsicheren, kleinen Hund?
Wie verhält sich dein Hund bei einem gegengeschlechtlich Entgegenkommenden? Ändert sich dein Rüde, wenn er entdeckt, dass es eine spannende Hündin ist?
Training: Wichtig bei diesen Hunden ist es, eine gute Leinenführigkeit zu etablieren, bei der klar ist, dass der Mensch führt und die Regeln vorgibt.

DIE EXTROVERTIERTEN

Das Pöbeln an der Leine kann Ausdruck von Frust sein. Dein Hund möchte gerne zum anderen Hund rennen, um ihn kennenzulernen.
Analyse: Beginne mit der Beobachtung, wie dein Hund auf unterschiedliche Situationen reagiert. Erinnerst du dich noch an den Test, den ich auf S. 118 beschrieben habe? Ist er beispielsweise angebunden und ein Stück Wurst liegt unerreichbar für ihn, zeigt er

Ein M, der sehr klar Distanz einfordert.

Genervt schaut er dem anderen Hund hinterher.

Holly sieht einen anderen Hund und würde ihn gerne begrüßen.

Sie ist empört, dass sie bei ihrem Menschen bleiben muss, und wufft diesen auch noch an.

Sie schimpft immer noch, auch als der Hund schon längst weg ist.

dann dieselbe Reaktion wie beim Pöbeln an der Leine? Wie verhält er sich, wenn er z. B. nicht zu seinem nach Hause kommenden Herrchen darf, weil er angebunden ist? Diese Szenarien helfen dir zu erkennen, ob ein generelles Problem mit Frust vorliegt. Sollte dies der Fall sein, sind Übungen zur Impulskontrolle und Frustrationstoleranz ein guter erster Schritt – dabei ist es wichtig, keinen Belohnungsaufschub zu schaffen. Was passiert, wenn du die Leine loslässt (nur mit sozialkompetenten Hunden durchführen!)? Interagiert dein Hund spielerisch mit dem anderen Hund? Dies könnte ein Hinweis darauf sein, dass dein Hund gelernt hat, andere Hunde mit Spiel und Spaß gleichzusetzen – eine Verhaltensweise, die oft bei Hunden vorkommt, die normalerweise direkt und ungebremst zu anderen Hunden gelassen wurden oder an der Leine die Richtung bestimmen dürfen.

Training: Auch in diesem Fall würde ich nochmals daran arbeiten, dass dein Hund lernt, Frust besser zu ertragen. Dies kannst du im Alltag trainieren oder mit anderen Hunden. Außerdem solltest du dich nochmals mit dem Thema „Leinenführigkeit" auseinandersetzen.

DIE TEAMPLAYER

Bei einem Teamplayer könnte pöbelndes Verhalten an der Leine eher aus einer sozial motivierten Aggression entstehen, möglicherweise als Spiegelung deines eigenen Gefühls, oder weil der Hund deine Unsicherheit spürt und dich verteidigen möchte.

Analyse: Beobachte, wie dein Hund reagiert, wenn du ihn an eine Laterne bindest und dich entfernst, sobald er zu pöbeln beginnt. Achte darauf, ob er sich weiterhin auf den anderen Hund konzentriert oder dir nachschaut. Ist der Hund nur bei dir laut an der Leine? Oder zeigt er das gleiche Verhalten, wenn er mit einer anderen Person Gassi geht? Sollte sich dabei zeigen, dass der Hund nur nach dir schaut oder dieses Verhalten bei einem anderen Menschen nicht zeigt, könntest du dir überlegen, ob du deinem Hund die falschen Signale sendest. Wie reagiert dein Hund, wenn du mit ihm ausweichst und einen Bogen läufst? Wird es besser, wenn er auf der anderen, abgewandten Seite geführt wird? Kann dies für euch ein Lösungsansatz sein? Stelle dir die Frage, was passieren würde, wenn du die Leine loslässt. Würde dein Hund den anderen Hund aggressiv bedrängen, auf ihn zustürmen und dann kurz vorher abbremsen? Auch unsichere Hunde können lernen, dass ein aggressives Zulaufen auf andere Hunde kurzfristig „erfolgreich“ sein kann, indem es den anderen Hund einschüchtert. Die genaue Beobachtung der Körpersprache

Die extrovertierte Hündin würde gerne spielen.

Die Teamplayerin orientiert sich an ihrer Bezugsperson und schaut zu ihr.

deines Hundes und wie sich die Situation weiterentwickelt, ist hierbei wichtig.

Training: Bei Hunden ist es wichtig, sie sozial zu unterstützen und ihr Problem zu verstehen und nicht über Strafe zu arbeiten. Das heißt: Hinterfrage dich selbst, wie du dich beim Anblick eines Hundes fühlst, der in eure Richtung (ungebremst) rennt. Falls du dich damit massiv unwohl fühlst, kannst du in einer guten Hundeschule lernen, wie du den anderen Hund wegschicken kannst.

DIE GEWISSENHAFTEN

Bei einem Hund, der den Gewissenhaften entspricht, kann der Grund in einem Gefühl von Kontrollverlust liegen, z. B., wenn der andere Hund zu schnell auf ihn zurennt.

Analyse: Auch unsichere gewissenhafte Hunde können einen anderen Hund massiv bedrohen, wenn sie z. B. gelernt haben, dass es Erfolg bringt, darauf zuzustürmen und manche Hunde davon zumindest kurzfristig zu beeindrucken. Deshalb ist es wichtig, die Körpersprache des Hundes und den weiteren Verlauf genau zu beobachten.

Gerne mischen sich solche Hunde auch bei einem Hund ein, der sich nicht regelkonform verhält.

Training: Bei diesem Typ Hund ist Geduld und Routine gefragt. Oft ist es hilfreich, ihnen ein Signal zu geben, z. B. „Sitz“, und sich vor sie zu stellen, um ihnen das Gefühl der Verantwortung zu nehmen und Sicherheit zu geben.

Sie hat gelernt, dass an der Leine nicht gezogen wird und man bei seinem Menschen bleibt.

Damit der Hund nicht weiter fixiert, bewegt Tom seine Hüfte.

AUS DER PRAXIS

PÖBELN ODER NICHT PÖBELN?

Eine Kollegin suchte mich wegen ihres Hundes auf. Ihr Hund hatte ein Problem mit aggressivem Verhalten an der Leine und war auch gegenüber Menschen nicht immer gut einschätzbar. Sie stellte mir ihren Hund vor, der aus Sicherheitsgründen einen Maulkorb trug. Schnell wurde klar, dass der Hund zwar unsicher und emotional instabil, aber dennoch zielgerichtet und ein echter „Macher" war – er hatte klare Vorstellungen davon, was er wollte.
Bei meiner Kollegin hatte ich zunächst den Eindruck, sie sei durchsetzungsstark und bestimmt – eine klare Macher-Persönlichkeit. Sie schien zu wissen, was sie wollte, und konnte gut mit schwierigen Situationen umgehen. Jedoch offenbarte sie eine spürbare Unsicherheit im Umgang mit ihrem Hund. Bei genauerem Nachfragen erzählte sie mir von einem Vorfall während ihrer Schwangerschaft, bei dem ihr Hund sie in den Bauch gebissen hatte. Obwohl sie glaubte, dieses Erlebnis verarbeitet zu haben, schwelte es doch noch in ihr und beeinträchtigte ihre Fähigkeit, mit dem Konflikt umzugehen. Durch ein Gespräch und der EFT-Klopftechnik haben wir an ihrer Unsicherheit gearbeitet.

WENN HOHE ERWARTUNGEN IM WEG STEHEN

Als Mensch mit einer Macher-Persönlichkeit neigt man dazu, hohe Erwartungen an sich und andere zu stellen, auch im Umgang mit Schwierigkeiten oder Traumata. Die Erkenntnis dieses Zusammenhangs ermöglichte es ihr schließlich, angemessen auf die Bedürfnisse ihres Hundes zu reagieren. Sie übernahm die Verantwortung für die Situation, agierte souverän und klar, auch in Konfliktsituationen. Diese Veränderung führte schon während des Seminars zu einer spürbaren Verbesserung. Diese Erfahrung zeigt, wie wichtig es ist, die Persönlichkeitstypen sowohl von Menschen als auch von Hunden zu verstehen, um die wahren Gründe hinter bestimmten Verhaltensweisen zu erkennen und effektiv darauf eingehen zu können.

FÜHRUNG ÜBERNEHMEN

Wer führt wen – und wie? Diese Frage stellt sich unweigerlich im Hundetraining. Doch was bedeutet „Führen" überhaupt? Führen bedeutet im klassischen Sinn, dass wir das Handeln und die Begegnungen des anderen steuern. Aber das wäre zu kurz gedacht.

Es geht nicht nur darum, ein Ziel vor Augen zu haben, sondern auch darum, dem Geführten gegenüber Wertschätzung zu zeigen, ihn zu verstehen und ihn zu unterstützen. Eine gute Führungskraft nimmt die Probleme des anderen ernst und sorgt dafür, dass es ihm gut geht. Eine treffende Definition lautet: **Als Führungsperson treffe ich Entscheidungen, sorge dafür, dass wir motiviert unser gemeinsames Ziel erreichen, und gehe wertschätzend sowie respektvoll mit meinem Gegenüber um.**

Führung basiert auf klaren Regeln und konsequenten Entscheidungen. Ein Leader trifft nicht nur Entscheidungen, sondern sorgt auch dafür, dass sie umgesetzt werden. In der Arbeitswelt hat sich dieses Konzept in den letzten Jahren stark gewandelt. Früher lag der Fokus vor allem auf Leistungssteigerung, heute weiß man, dass Selbstkenntnis der Schlüssel zu erfolgreicher Führung ist. Wer seine eigenen Stärken und Schwächen kennt, wer Konflikte analysieren und Werte definieren kann, schafft eine motivierende Umgebung – sei es für Mitarbeitende oder für Hunde. *Als Führende(r) übernehme ich Verantwortung und bin bereit, mich auch in schwierigen Situationen um alles zu kümmern.*

FÜHRUNG BRAUCHT KOMMUNIKATION

Ein zentraler Bestandteil von Führung ist Kommunikation – nicht nur verbal, sondern vor allem über Körpersprache. Hunde nehmen feinste Signale wahr und lesen unsere Haltung, Mimik und Gestik. Paul Watzlawicks berühmter Satz *„Man kann nicht nicht kommunizieren"* trifft hier genau ins Schwarze: Wir senden immer Botschaften – bewusst oder unbewusst. Deshalb ist Authentizität essenziell. Ein Hund merkt sofort, wenn unser äußeres Verhalten nicht mit unseren inneren Gefühlen übereinstimmt.

»Gute Führung basiert auf gegenseitigem Respekt.«

Ein Beispiel: Frau Müller hat einen Hund, der aus Unsicherheit an der Leine aggressiv reagiert und sie schon mehrfach zu Fall gebracht hat. Nun nähert sich auf dem Spaziergang ein anderer Hund. Ihre Trainerin hat ihr gezeigt, wie sie die Leinenführigkeit einfordern und ihren Hund unterbrechen kann. Doch in dem Moment erinnert sie sich an ihre Stürze, wird unsicher – und ihr Hund spürt das. Er zieht seine eigenen Schlüsse: *„Frauchen hat Angst – also besteht Gefahr!“* Ein Dilemma entsteht: Einerseits

Die Hündin versucht, ihren Halter zu begrenzen.

Sie versucht es an der Leine.

Als er nicht gehorcht, wird die Dobermann-Hündin immer massiver.

Gleich am Anfang verwalte ich meinen Raum.

So können wir gemütlich zusammen joggen.

soll er ruhig an der Leine laufen, andererseits nimmt er die Situation als bedrohlich wahr. Die Lösung? Frau Müller muss zuerst an ihrer eigenen Unsicherheit arbeiten, um Sicherheit auszustrahlen. Erst wenn sie überzeugt ist, die Kontrolle zu haben, kann sie souverän führen. Bis dahin kann ein Hilfsmittel wie ein Halti helfen, die Situation zu entschärfen.

Neben Klarheit spielt Verantwortungsbewusstsein eine entscheidende Rolle. Ein Hund braucht das Gefühl, dass sein Mensch die Lage im Griff hat. Er folgt jemandem, der ruhig und bestimmt handelt – nicht jemandem, der unsicher, unruhig oder inkonsequent ist. Regeln, die konsequent eingefordert werden, geben ihm Orientierung, etwa dass Radfahrer und Spaziergänger grundsätzlich ignoriert werden.

Ein Hund vertraut seinem Menschen, weil dieser verlässlich und fair handelt.

Eine starke Bindung entsteht nicht durch Zwang, sondern durch ein harmonisches Miteinander, in dem der Hund seinen Menschen als souveräne Führungspersönlichkeit wahrnimmt.

FÜHRUNGSKOMPETENZ UND PERSÖNLICHKEIT

Führungskompetenz: mithilfe von Persönlichkeit und eigenen Fähigkeiten das Verhalten von Menschen zielgerichtet beeinflussen. Der Führungsstil richtet sich nach den individuellen Bedürfnissen des Hundes.

Führung und Persönlichkeit sind eng miteinander verbunden (Leadership). Sie umfassen das eigene ICH (Lebenssinn, Selbstbild, Werte und Überzeugungen), sowie die eigenen Kompetenzen.

Alle Hunde sind um mich und orientieren sich an mir und meiner ruhigen Ausstrahlung.

FÜHREN VON HUNDE-GRUPPEN

Ein Hundehalter macht im Grunde nichts anderes, als eine Führungsperson in einem Unternehmen. Er legt Ziele für das Leben mit dem Hund fest, trifft Entscheidungen, begleitet Prozesse und muss in der Familienstruktur und/oder in der Hundegruppe die Schwächeren schützen, Konflikte klären und auch Grenzen setzen. Er ist der Lenkende der Gruppe, kümmert sich um das Wohlergehen und sorgt auch für Abwechslung, z. B. in Form von Beschäftigung. Dabei ist wichtig zu wissen, dass „Führung" immer stattfinden muss. Hunde haben ihre Menschen im Auge und das nicht nur im Training. Gerade im Alltag ist eine souveräne Führung wichtig, damit Regeln eingehalten werden und sich jeder auf den anderen verlassen kann. Nur so ist Entspannung möglich und Vertrauen kann aufgebaut werden.

DER ZAUBERER UND DIE FEE (EINE MENSCH-HUND-ÜBUNG)

Bei dieser Übung wird im Vorfeld festgelegt, wer führt und wer sich führen lässt. Die Führung erfolgt ausschließlich durch Körpersprache – etwa durch das Abwenden des Blicks, das Drehen des Oberkörpers oder eine Gewichtsverlagerung nach hinten. Beide Rollen sollten bewusst eingenommen und erlebt werden.
Nach einer gewissen Zeit erfolgt ein einvernehmlicher Wechsel der Rollen. Anschließend wird reflektiert:

- Wie hat sich die jeweilige Rolle angefühlt?
- Welche Position lag mir mehr?
- Was hätte mir geholfen, mich noch besser in meiner Rolle zu fühlen?

Im zweiten Durchgang wird der Rollenwechsel nicht mehr verbal abgesprochen. Stattdessen achtet jeder darauf, wonach ihm gerade ist, und beobachtet, ob der andere darauf eingeht. Nach der Übung werden erneut Fragen gestellt:

- Wie oft war ich der/die Führende, wie oft der/die Geführte?
- Warum war das so?
- Welche Rolle hat mir besser gefallen?
- Welche Vorteile hat es, geführt zu werden? Welche Nachteile?
- Wie habe ich mich in der anderen Rolle gefühlt?

Meist wird das Geführt-Werden als entspannend empfunden, da man sich keine Gedanken darüber machen muss, wohin es geht. Es kostet weniger Energie, setzt aber Vertrauen in die führende Person voraus. Jede Rolle hat also Vor- und Nachteile.

REFLEXION: EINSCHÄTZUNG VON VORGESETZTEN

Wirfst du einen Blick zurück auf deine Vorgesetzten, dann stell dir einmal folgende Fragen:

- War einer deiner Vorgesetzten für dich inspirierend?
- Welche(n) hast du wirklich gemocht?
- Für wen hast du gerne Überstunden gemacht, ohne dass du dich geärgert hast?
- Welche(r) deiner Vorgesetzten hat dich motiviert und mit seinen/ihren Ideen inspiriert?
- Welche(r) hat dafür gesorgt, dass du dich toll gefühlt hast? Wie hat er das erreicht?
- Welche Charaktereigenschaften hat(te) diese(r) Vorgesetzte?
- Wie ist er/sie mit dir umgegangen?
- Wie konnte er/sie dich motivieren, wie hat er/sie Grenzen gesetzt?

Und im Gegensatz dazu:

- Welche(r) Vorgesetzte hat vielleicht auch dafür gesorgt, dass du deinen Job gewechselt hast?
- Mit welchem Vorgesetzten hattest du kein gutes Verhältnis, und warum?
- Und: Was hätte er/sie tun können oder sollen, um dies zu ändern?

Greyhounds sind oft eher unauffällig – bis sie rennen und man ihre ganze Kraft erkennt.

AUS DER PRAXIS

AUSSER RAND UND BAND …

Regina, eine typische Teamplayerin, kam mit ihrem Greyhound zu mir. Sie hatte alles für ihren Hund getan, war kooperativ, geduldig und loyal. Doch trotz ihrer Bemühungen zeigte der Hund schon früh Verhaltensweisen, die Regina von ihren anderen Hunden nicht kannte. Sie sehnte sich danach, eine enge Bindung zu ihm aufzubauen und ihn überall hin mitnehmen zu können. Aber der Greyhound war kaum zu kontrollieren. Nach einigen Tests stellte sich heraus, dass ihr Hund die Eigenschaften eines durchsetzungsstarken Machers mit einem Anteil Extrovertiertheit vereinte. Er war nicht abgeneigt, mich zu testen, und bot mir spielerisch ein Spiel an, das jedoch nicht ohne gelegentliche Bodychecks ablief – eine Herausforderung bei einem Hund von 60 Kilogramm. Seine Impulskontrolle war gering, er handelte oft spontan. Reginas anfängliche Unsicherheit wurde durch die ungezähmte Kraft ihres Hundes an der Leine noch verstärkt, an die sie sich bereits gewöhnt hatte.

STÄRKUNG DER FÜHRUNGSROLLE

Um Regina dabei zu helfen, die nötige Führung und Sicherheit auszustrahlen, entschieden wir uns, zeitweise ein Halti zu verwenden. Dies half, die Situation zu beruhigen und Regina in der Führungsrolle zu stärken. Der Hund lernte schnell, dass er Regina vertrauen und bei Hundebegegnungen ruhig bleiben konnte.
Zu Hause analysierten wir, wann genau der Hund dazu neigte, mit Regina zu „diskutieren". Ich erklärte ihr, wie solche Momente – ein falscher Blick oder eine unpassende Reaktion – in Konfliktsituationen das Verhalten ihres Hundes beeinflussen können. Durch gezieltes Training und das Verstärken von Reginas Führungskompetenz verbesserte sich die Beziehung zwischen ihr und ihrem Hund mit der Zeit erheblich. Regina lernte, wie wichtig es ist, konsequent zu sein und gleichzeitig eine entspannte und sichere Haltung zu bewahren, um ihrem Greyhound die nötige Stabilität und Führung zu bieten.

AUS DER PRAXIS

MACHER TRIFFT AUF TEAMPLAYER

An einem Freitagmorgen stand ich in der Küche mit einer Tasse Kaffee – der Tag war durchgeplant und ich bereitete mich auf meinen ersten Kunden vor – als das Telefon klingelte. Als ich abnahm, hörte ich eine völlig verzweifelte Frau, die mir erzählte, dass sie in der Speisekammer stehe und sich nicht mehr heraustraut. Der Hund hätte sie jetzt mehrfach gebissen, sie würde bluten und sie bräuchte dringend und sofort meine Unterstützung. In dem Moment war klar, ich musste meine Termine absagen und sofort zu der Hundehalterin fahren. Sie gab mir ihre Adresse und nebenbei überlegte ich mir bereits, was ich alles mitnehmen müsse. Kurz vor dem Auflegen fragte ich noch, wie groß ihr Hund sei bzw. welcher Rasse er angehören würde, da ich wissen wollte, welche Maulkorbgröße ich einpacken musste. Die Frau erklärte mir, dass sie einen Rottweiler hätte. Nun war mir klar, dass ich vorsichtshalber noch eine Fangstange mitnehmen sollte. Während ich alles im Auto verstaute, fiel mir auf, dass ich total vergessen hatte, nach der Hausnummer zu fragen. Also rief ich abermals an und erkundigte mich auch gleich noch nach dem Alter des Hundes: *„Er ist 12 Wochen alt und ich habe ihn vor einer Woche beim Züchter abgeholt."* Meine Anspannung löste sich augenblicklich, die Maulkörbe wurden wieder ausgepackt, stattdessen nahm ich meine sehr souveräne Hündin mit.

Diese wahre Begebenheit zeigt deutlich, wie man in Stressmomenten reagiert und welches Verhalten als Erstes zutage tritt. Dieser kleine Welpe war tatsächlich, als ich ihn mir dann angeschaut habe, ein Macher. Er hat sehr schnell verstanden, was er alles tun kann und was nicht, und mit seinen spitzen Welpenzähnchen einfach einmal ausprobiert, wie weit er gehen kann. Meine Hündin, die ebenfalls zu den Machern gehört, hat dem Welpen sofort gezeigt, dass man nicht übergriffig wird, dass man sich zurückhält, dass man erst einmal abwartet, was der erwachsene Hund einem signalisiert. Die Frau konnte sich das Verhalten der Hündin anschauen und den Unterschied zu ihrem eigenen erkennen. Sie gehörte zu den Teamplayern, wollte von Anfang an eine harmonische Beziehung, ein „Sich-Liebhaben", mit ihrem Welpen gemeinsam auf dem Sofa kuscheln. Ihr ganzes Bestreben lag darin, diesem kleinen Kerl das Leben so schön als möglich zu machen. Der Welpe dagegen hatte das Bestreben, so viel Ziele als möglich zu erreichen bzw. sich so viele Freiheiten wie möglich herauszunehmen.

Ein junger Rottweiler wirkt auf den ersten Blick wie ein kleiner niedlicher Stoffhund.

Die Tschechoslowakische Wolfshündin springt mich an, da ich Futter in der Hand halte.

GRENZEN SETZEN

– fair, klar und mit Respekt

Stelle dir vor, du bist neu in einem Land, einer Firma oder einem sozialen Umfeld. Du möchtest wissen, was erwartet wird, welche Regeln gelten und welche Verhaltensweisen nicht akzeptiert sind. Klare Kommunikation gibt dir Sicherheit und Orientierung. Es ist fair, wenn jemand dir freundlich, aber bestimmt erklärt, worauf es ankommt – und ebenso fair, wenn dir mitgeteilt wird, was passiert, wenn du dich nicht daran hältst. Wichtig ist jedoch auch, dass diese Erwartungen realistisch sind und dein Gegenüber in der Lage ist, diese Anweisungen auch umzusetzen.

Genau so geht es unseren Hunden. Sie brauchen Grenzen, um sich sicher zu fühlen und sich gut in unsere Welt einzufügen. Aber Grenzen setzen heißt nicht Strenge oder Strafen – es bedeutet, Klarheit zu schaffen. Ein Hund kann nur lernen, wenn wir ihm mit Geduld und Konsequenz zeigen, was erwünscht ist und was nicht.

Bei ihrem Halter nimmt sie sich zurück.

Sie wartet brav im Sitz auf das Futter.

Klare Kommunikation: Ein „Nein" muss auch wirklich „Nein" bedeuten – aber ohne Wut oder Frustration.
Wiederholung und Konsequenz: Regeln müssen konsequent durchgesetzt werden, damit der Hund sie versteht.
Fairness und realistische Erwartungen: Der Hund kann nur leisten, was er gelernt und verstanden hat.
Ruhe bewahren: Wer unsicher ist, wie er Grenzen setzen soll, verliert schnell die Geduld – doch genau das sorgt für Unsicherheit beim Hund.

Grenzen geben Freiheit, weil sie Orientierung bieten. Ein Hund, der weiß, was erlaubt ist und was nicht, kann entspannter durchs Leben gehen. Und das macht das Zusammenleben für beide Seiten angenehmer.

KONFLIKTE FÜHREN

Konflikte zwischen Mensch und Hund werden oft als problematisch empfunden. Doch in Wirklichkeit bieten sie eine wertvolle Chance, die Bindung zu stärken und eine stabile, vertrauensvolle Beziehung aufzubauen. Das Schöne an solchen Auseinandersetzungen ist, dass sie aufzeigen, was dem Hund wichtig ist, welche Grenzen er wahrnimmt und wie viel Klarheit und Führung er in seinem Alltag benötigt. Gleichzeitig lernt der Mensch, wie er seine eigenen Erwartungen und Regeln verständlich vermittelt und wie er mit schwierigen Situationen umgehen möchte.
Ein gut geführter Konflikt stärkt die Beziehung – aber nur, wenn er fair und klar bleibt. Emotionen sind dabei völlig in Ordnung, denn Hunde spüren sie ohnehin. Doch Wut, Frustration oder Unfairness, ohne eigene Reflexion, verunsichern den Hund und können die Bindung schwächen. Entscheidend ist, dass der Mensch ruhig, aber bestimmt bleibt und klare, nachvollziehbare Grenzen setzt.

VORTEIL VON KONFLIKTEN

Der wahre Vorteil von Konflikten liegt darin, dass sie dem Hund zeigen: Auch wenn es mal eine Meinungsverschiedenheit gibt, bleibt die Beziehung sicher und verlässlich. Sobald der Hund das gewünschte Verhalten zeigt, ist es wichtig, den Konflikt sofort loszulassen und seinem Hund mit positiver Stimmung zu begegnen. Hunde leben im Hier und Jetzt – für sie zählt nicht, was vor fünf Minuten war, sondern wie es in diesem Moment ist. Ein schneller Wechsel zurück zu einer freundlichen und liebevollen Interaktion ist daher unerlässlich, um Vertrauen und Stabilität zu bewahren.

ZUSAMMENFASSUNG

Konflikte sind kein Zeichen einer schlechten Beziehung – sie sind eine Möglichkeit, sie zu festigen. Ein Hund braucht klare Führung, aber auch emotionale Sicherheit. Wer fair bleibt, Grenzen verständlich setzt und nach einem Konflikt sofort wieder für eine friedvolle Atmosphäre sorgt, wird eine tiefere, stabilere und vertrauensvollere Beziehung zu seinem Hund aufbauen.

AUS DER PRAXIS

GEFÜHLE SPIEGELN

Vor einigen Wochen traf ich in einem Seminar eine sehr nette Kundin, die wir hier Frau X nennen wollen. Frau X stand vor der Herausforderung, dass sie keinen wirklichen Zugang zu ihrem Hund fand und eine emotionale Distanz zu ihm spürte. Obwohl ihr Hund gehorsam und stets abrufbar war, sogar gemeinsame Kuschelzeiten auf der Couch genoss, war da eine spürbare Distanz vonseiten des Hundes. Sie beschrieb ihn als den „Gewissenhaft"-Typ: sehr ruhig, angepasst, regelkonform und nicht wirklich spielbereit. Frau X, eine Dame, die klar wusste, was sie wollte und sehr auf Struktur bedacht war, identifizierte sich selbst als einen Gewissenhaft-/Macher-Typ.

Um mehr über die Dynamik zwischen den beiden zu erfahren, stellte ich ein paar Aufgaben, wie das gemeinsame Rennen über eine Wiese. Ich beobachtete sie genau und näherte mich dann dem Hund, um zu sehen, ob er eher introvertiert oder extrovertiert reagieren würde. Mit einer freundlichen und leicht spielerischen Ansprache reagierte der Hund sofort positiv auf mein Verhalten, und schon bald tollten wir zusammen über die Wiese. Der Hund wurde sehr schnell lockerer und zeigte ein spielerisches Verhalten, was ein deutliches Zeichen dafür war, dass er eigentlich zu den Teamplayern mit E-Anteil gehörte.

Manchmal braucht es auch etwas Freiraum für sich selbst.

Authentisch fröhlich – die beiden Neufundländer spiegeln meine positive Ausstrahlung.

AUTHENTISCH BLEIBEN

Später erzählte mir Frau X, dass sie eine schwierige Zeit durchgemacht habe und das Spiel mit dem Hund mehr als Pflicht denn als Vergnügen betrachten würde. Aufgrund ihrer persönlichen Probleme und ihres sehr strukturierten Wesens in stressigen Situationen, dass in eine ritualisierte, leicht depressive Stimmung umschlagen konnte, spürte der Hund ihren inneren Konflikt. Sie empfand den Hund in dieser Situation als eine Belastung, was ihr Schuldgefühlte verursachte. Er reagierte auf die nicht entspannte Körpersprache von Frau X verunsichert. Dies zeigte mir, wie sensibel Hunde auf die Emotionen und die Körpersprache ihrer Menschen reagieren und wie wichtig es ist, den Kontext der Bezugsperson des Hundes zu berücksichtigen, um Missverständnisse zu vermeiden. Wir kamen zu dem Schluss, dass Frau X nur noch spielen sollte, wenn sie wirklich Lust darauf hat und sich gut fühlt. Wir sprachen auch darüber, wie entscheidend die Körpersprache des Menschen ist und wie diese das Verhalten des Hundes beeinflussen kann. Durch diese Erkenntnisse konnte Frau X eine tiefere und authentischere Verbindung zu ihrem Hund aufbauen, die auf gegenseitigem Verständnis und echter Freude basiert.

GESUNDHEIT – WENN VERHALTEN NICHT NUR KOPFSACHE IST

Hunde, die uns im Training vorgestellt werden, schauen wir uns hinsichtlich verschiedener Gesichtspunkte an, um ein umfassendes Bild zu bekommen.

Nicht nur der Charakter, die Genetik, die Beziehung zum Menschen oder zu anderen Hunden, die zur Familie gehören, werden von uns genau unter die Lupe genommen, auch seine körperliche Verfassung (Ernährungszustand, Gangbild, Muskulatur u. a.) ist für uns ein wichtiger Gesichtspunkt. Zudem wird die Bezugsperson über gesundheitliche Probleme ihres Hundes befragt. Betrachten wir ein Tier in seiner Gesamtheit, müssen wir uns auch die körperlichen Probleme anschauen bzw. in unsere Überlegung mit einbeziehen. Denn körperliche und gesundheitliche Probleme können sehr wohl für Verhalten verantwortlich sein. Reagiert ein Hund plötzlich anders als gewohnt – sei es durch Aggression, Nervosität oder Rückzug –, denken viele an Erziehungsfehler oder Charaktereigenschaften. Doch was, wenn die Ursache des Problems gar nicht im Kopf, sondern im Körper liegt? In unserem Training betrachten wir den Hund als Ganzes:

- seine Persönlichkeit – welche Stärken, Schwächen und Verhaltensmuster zeigt er?
- seine Umwelt – wie ist seine Beziehung zu Menschen und anderen Hunden?
- seine Gesundheit – hat er Schmerzen oder gibt es körperliche Ursachen für sein Verhalten?

Gerade, wenn ein Hund sich plötzlich verändert, müssen wir genau hinsehen. Hat er immer gerne gespielt und zieht sich jetzt zurück? Wird er schneller gereizt? Ist er aggressiver oder wirkt unsicher? Dann könnte der Grund nicht in der Erziehung, sondern in gesundheitlichen Problemen liegen.

KÖRPERSPRACHE ALS WARNSIGNAL

Manchmal sind Schmerzen offensichtlich – etwa, wenn ein Hund humpelt oder eine Wunde hat. Oft sind sie jedoch versteckter:

- Eine einseitig ausgeprägte Muskulatur kann darauf hindeuten, dass der Hund eine Schonhaltung einnimmt.
- Plötzliches Knurren oder Beißen kann aus Schmerz heraus geschehen – Schmerzaggression.
- Ein Hund, der sonst freundlich ist, aber plötzlich fremde Hunde meidet, könnte sich einfach nicht wohlfühlen.

Nicht jedes „Problemverhalten" ist ein Erziehungsproblem – manchmal ist es ein Gesundheitsproblem.

WENN DER KÖRPER DAS VERHALTEN STEUERT

Neben offensichtlichen Schmerzen, gibt es auch versteckte Erkrankungen, die das Verhalten eines Hundes massiv beeinflussen können. Ein Beispiel ist die Schilddrüsenunterfunktion. Ein Hund mit diesem Problem kann sich völlig verändern:

- Anfangs zeigt er oft Unruhe und Unsicherheit.
- Später wird er träge, nimmt zu, verliert Energie.
- Manche Hunde werden sogar aggressiv oder depressiv.

Ähnlich kann es sich mit altersbedingten Veränderungen verhalten:

- Ein Hund, der schlechter hört oder sieht, könnte schreckhafter oder vorsichtiger werden.
- Gelenkprobleme oder Arthrose machen ihn vielleicht gereizter, weil jede Bewegung wehtut.

Aber auch hormonelle Unterschiede können das Verhalten stark beeinflussen und verändern, z. B. bei einer Hündin vor oder nach der Läufigkeit.

DIE BOTSCHAFT: SCHAU GENAU HIN!

Jeder Hund kann sich verändern – aber wenn er sich plötzlich anders verhält, lohnt es sich, genauer hinzusehen. Manchmal ist die Lösung nicht Training oder Erziehung, sondern eine medizinische Behandlung.

- Hat dein Hund plötzliche Stimmungsschwankungen?
- Wirkt er schneller gereizt oder erschöpft?
- Hat er körperliche Beschwerden, die ihm das Leben schwermachen könnten?

Je besser du deinen Hund kennst, desto eher erkennst du, wenn etwas nicht stimmt. Und je schneller du handelst, desto eher kann er wieder sein glückliches, entspanntes Selbst sein.

Früher hatte Abby Schmerzen und war in Hundegruppen sehr unsicher. Nach der Behandlung zeigt sich dieses Verhalten nicht mehr und sie fühlt sich bei den meisten Hunden sehr wohl.

AUS DER PRAXIS

LUI UND DIE UNENTDECKTE KRANKHEIT

Lui wurde in einem spanischen Tierheim geboren und als Junghund nach Deutschland vermittelt. Als er drei Jahre alt war, starben Herrchen und Frauchen. Das blieb ein paar Tage unentdeckt und Lui war allein mit seiner toten Familie. Ab hier beginnt die Geschichte, die wir kennen und die ich begleiten durfte – was davor war, ist unklar.

Lui kam nach diesem tragischen Unglück als unsicherer Hund, mit vielen unterschiedlichen spezifischen Ängsten, in seine neue Familie. Dort lernte ich ihn kennen. Wir haben an den Ängsten gearbeitet und die Familie konnte alles gut umsetzen, Lui wurde immer sicherer. Er wurde ein fröhlicher, manchmal auch durchsetzungsstarker Hund, den ich als einen typischen Extrovertierten mit Tendenz zum Macher eingeordnet hatte. Aber es gab in manchen Momenten kleinere Rückschläge, die nicht zu erklären waren. Er war ein geräuschempfindlicher Hund, aber bei seiner gruseligen Vorgeschichte wäre das erklärbar. Auch körperlich ging es ihm nicht immer gut. Er reagierte auf Stress manchmal mit Durchfall, aber mit ein bisschen Schonkost war das bisher immer schnell erledigt. Er war nicht so gut bemuskelt, aber er war ja auch kein echter Galgo, und mit regelmäßiger Physiotherapie hatte man das gut im Griff. Zweimal wurde er auf dem Spaziergang taumelig, fiel hin und konnte minutenlang nicht aufstehen. Doch beeindruckt hatte ihn das nicht und er lief wieder

Britta und Lui haben Freude bei der Dummyarbeit.

fröhlich weiter. Doch es wurde ein Blutbild gemacht… alles okay. Und dann trafen wir eine Freundin, die Tierärztin ist, nach einer längeren Pause wieder. Sie sah Lui an und sagte: *„Wie sieht der denn aus?"*

Also haben die Familie und unsere Tierärztin ihn auf den Kopf gestellt. Mehrere seltene Krankheiten standen im Raum. Kleine Veränderungen im Blutbild, alles nichts Wegweisendes – trotzdem ließ es unserer Freundin keine Ruhe und sie behielt recht: Mit einem nicht nachweisbaren Cortisol-Basiswert, den sie im Labor nachgemeldet hatte, gab es eine völlig neue Verdachtsdiagnose – Morbus Addison. Was bitte? Morbus Addison? Morbus Addison, eine oft schleichend beginnende Krankheit, bei der der Körper unter anderem das lebenswichtige Hormon Cortisol nicht mehr produziert. Dies wurde medikamentös behandelt und er blühte auf. Heute ist Lui gut eingestellt, hat einen Job in der Kinder- und Jugendpsychiatrie, dem er zusammen mit seiner Bezugsperson, einer Kinderärztin, nachgeht. Er ist fit und hat großen Spaß an der Arbeit mit den Kindern – der Lui Lustig eben.

Spannend war auch die Veränderung in der familiären Hundegruppe. Die kluge, schnell genervte und inzwischen auch einfach nicht mehr junge Cloe (Typ Gewissenhaft) hat jetzt ihren persönlichen Bodyguard. *„Der junge Mann erledigt das für mich"*, scheint sie zu sagen, wenn Lui kommt und ihr die wuseligen Welpen, aufdringlichen Rüden und das verhasste Parson-Russell-Durchdreh-Damenduo von nebenan vom Hals hält. Gewissenhafte mögen so quirlige kleine Hunde nicht. Dabei geht er ganz freundlich vor. Er verbreitet ein *„Ich persönlich finde euch echt nett, aber Queen Mom is not amused, wenn ihr näherkommt, wie wäre es mit einem kleinen Rennspielchen?"* Ein typischer Extrovertierter, der charmant solche Dinge entschärft.

DIE MISCHUNG MACHT DAS TEAM

Schauen wir uns einmal dich und deinen Hund etwas genauer an, begegnen uns zwei unterschiedliche Charaktertypen, mit eigenen Verhaltensstrategien. Als System in einer Art Familie oder „Wohngruppe" beeinflussen wir uns allerdings gegenseitig.

Genau hier wird es spannend – denn das Training sollte nicht nur auf deinen Hund abgestimmt sein, sondern auch auf dich als seine Bezugsperson.
Deshalb erhältst du hier gezielte Trainingstipps, die sowohl deine individuellen Stärken und Schwächen als auch die Bedürfnisse deines Hundes berücksichtigen. So entsteht ein Trainingsansatz, der zu euch beiden passt und euch gemeinsam zum Erfolg führt.

KONSTELLATIONEN MENSCH – HUND

MENSCH MACHER + HUND MACHER

Ansatz: Vermeide es, ausschließlich mit Druck zu arbeiten. Sei klar und konsequent in deinen Anweisungen, aber erlaube deinem Hund auch hin und wieder eigene Entscheidungen zu treffen. Lerne, Probleme auch

Die extrovertierte Hündin begrüßt etwas überschwänglich, was aber beide genießen.

Ein Teamplayer orientiert sich an seiner Bezugsperson.

souverän verpuffen zu lassen. Beim Pöbeln an der Leine, zum Beispiel, sollte dein Hund sein Gesicht wahren dürfen, indem er sich mit etwas „Wichtigerem" beschäftigt, wie etwa am Boden zu schnüffeln, anstatt sofort gemaßregelt zu werden. Wichtig ist jedoch, dass er nicht die Gelegenheit bekommt, das Pöbeln fortzusetzen.

Training: Vermeide es, deinen Hund durch ständige Wiederholungen oder Signale zu gängeln, die nur auf Unterordnung abzielen. Anerkenne seine Stärken und fordere ihn heraus, statt ihn zu unterdrücken.

MENSCH MACHER + HUND EXTROVERTIERT

Ansatz: Zeige dich begeistert über jede korrekte Ausführung deines Hundes. Es geht nicht nur um das Erreichen eines Ziels, sondern auch um die Freude an der gemeinsamen Arbeit. Versuche zu verstehen, warum dein Hund bestimmte Dinge tut, und überlege, was er möglicherweise braucht.

Training: Lobe ausgiebig und setze gezielt Ruhephasen ein, um Hektik zu reduzieren. Unsicherheiten solltest du nicht mit Tadel, sondern mit Geduld und Verständnis begegnen. Eingehaltene Ruhephasen helfen deinem Hund, seine Überdrehtheit zu kontrollieren und zu lernen, sich besser zu konzentrieren.

MENSCH MACHER + HUND TEAMPLAYER

Ansatz: Gehe langsamer und weniger forsch vor. Gib deinem Hund Zeit, über Veränderungen nachzudenken, und baue das Training schrittweise auf. Zeige nach jeder Korrektur sofort wieder liebevolle Zuwendung, um zu signalisieren, dass ihr ein Team seid.

Zwei Extrovertierte im Spiel.

Training: Werde nicht ungeduldig mit deinem Hund. Es ist wichtig, ihm das Gefühl zu geben, dass er emotional angenommen und unterstützt wird, insbesondere bei neuen Herausforderungen. Lasse ihn in seinem eigenen Tempo lernen und Erfahrungen machen. Es ist nicht schlimm, wenn er nicht gleich Erfolg hat. Dies führt dazu, dass er sich ausprobiert, was ihm auf Dauer Stabilität verleiht. Lobe ihn für Kleinigkeiten, auch wenn er noch nicht alles perfekt beherrscht.

MENSCH MACHER + HUND GEWISSENHAFT

Ansatz: Ein gewissenhafter Hund schätzt Routine und klare Strukturen. Plötzliche Verhaltensänderungen nach dem Motto *„Zack, wir machen das jetzt anders!"* können ihn schnell überfordern. Dein Hund gehört zur vorsichtigen Fraktion – ein „Einfach mal machen, wird schon schiefgehen" entspricht nicht seiner Lebenseinstellung, wohl aber deiner. Achte darauf, dass du ihn nicht überforderst, sondern ihm die Sicherheit gibst, die er braucht.

Training: Dein Hund ist bemüht, seine Aufgabe bestmöglich zu erfüllen. Wird ihm jedoch zu oft signalisiert, dass er etwas falsch macht, kann das schnell zu Demotivation führen – im schlimmsten Fall zieht er sich ganz aus der Aufgabe zurück. Stattdessen solltest du Risiken minimieren und sicherstellen, dass er genau versteht, was du von ihm möchtest. Falls er nur zögerlich ein paar Schritte nach vorne macht, lobe ihn, damit er erkennt, dass er auf dem richtigen Weg ist. Drängen oder forcieren wäre hier kontraproduktiv. Dieser Hund arbeitet nicht schnell, sondern gründlich – für ihn zählt nicht die Geschwindigkeit, sondern die Perfektion, so wie er sie versteht.

MENSCH EXTROVERTIERT + HUND MACHER

Ansatz: Dein Hund braucht klare und konsequente Anweisungen. Zielloses Herumprobieren lässt ihn Trainingslücken ausnutzen. Er liebt Herausforderungen, aber er wird auch testen, ob du konsequent bleibst.

Training: Gestalte das Training abwechslungsreich, aber zielgerichtet. Ein Macher steigt aus, wenn er sinnlose Wiederholungen erfährt. Kurze, prägnante und durchsetzungsstarke Kommandos sind der Schlüssel zum Erfolg.

MENSCH EXTROVERTIERT + HUND EXTROVERTIERT

Ansatz: Was euch verbindet, ist das gemeinsame Spiel und die Freude an Bewegung. Doch Extrovertierte sind sehr leicht abzulenken und neigen dazu, „nicht am Ball zu bleiben".

Training: Weniger ist mehr. Überlege dir genau, was du möchtest. Such dir zwei oder drei prägnante Dinge, die dir wichtig sind, z. B. Abruf (weil es dir wichtig ist, möglichst viel Freiheit für dich und deinen Hund zu haben), und bleib an dieser Stelle sehr konsequent. Motivation ist für euch beide der Spaß und die Freiheit in gemeinsamen Unternehmungen. Achte darauf, dass ihr euch nicht gegenseitig mit Unruhe ansteckt und nutzt beide Auszeiten, um zu entspannen. Das kann ein Faul-auf-der-Couch-Liegen oder Genussvoll-ohne-Hektik-Spazierengehen sein.

MENSCH EXTROVERTIERT + HUND TEAMPLAYER

Ansatz: Ein Teamplayer möchte gemocht werden ... und das fällt dir leicht. Allerdings braucht er mehr Zeit, um etwas zu verstehen und umzusetzen. Dabei braucht er das Gefühl, dass er geliebt und wertgeschätzt wird ... auch und gerade, wenn er etwas noch nicht kann.

Training: Langsamer Aufbau, Geduld und liebevolle Unterstützung sind die Zauberworte bei diesem Hund. Er möchte Gefallen und wenn er nicht macht, was du möchtest, dann hinterfrage, ob du es für ihn möglich gemacht hast, dich zu verstehen.

MENSCH EXTROVERTIERT + HUND GEWISSENHAFTE

Ansatz: Dieser Hund möchte es genau wissen und es genau umsetzen. Ein Hopplahopp kann er nicht leisten. Er braucht klare Strukturen.

Training: Auch bei ihm gilt: weniger ist mehr und man muss bei diesem Hund konsequent bleiben. Er braucht Regeln und Struktur.

MENSCH TEAMPLAYER + HUND MACHER

Ansatz: Dieser Hund weiß, was er will und du als Teamplayer neigst dazu, dich nicht gerne durchzusetzen. Du wirst bei ihm neue Strategien zum Thema Konfliktmanagement erlernen müssen und dich weiterentwickeln.

Training: Sei direkt, lass dir immer etwas Neues einfallen, damit es interessant für deinen Hund bleibt. Ewige Wiederholungen langweilen ihn und er wird versuchen, sich deinen Anweisungen zu entziehen. Bleib klar, ohne dich auf einen direkten Konflikt einzulassen. Bei euch beiden könnte „steter Tropfen höhlt den Stein" genau passen.

Mensch – Teamplayer, Hund – Macher.

Eine Extrovertierte übertreibt es etwas im Spiel mit einem Teamplayer-Menschen.

MENSCH TEAMPLAYER + HUND EXTROVERTIERT

Ansatz: Dieser Hund ist schnell in seinen Entscheidungen und die müssen dir nicht gefallen. Also überlege dir genau, wie du auf verschiedene Szenarien reagierst und was für ein Management du davor betreibst.
Training: Nutze z. B. eine Schleppleine bei Hundebegegnungen, wenn er nicht abrufbar ist. Du kannst ihn, ohne in Stress zu geraten, wunderbar zu dir holen, wenn er nicht auf den ersten Ruf von dir reagiert.

MENSCH TEAMPLAYER + HUND TEAMPLAYER

Ansatz: Eure gemeinsame Stärke ist, dass ihr ein gleiches Tempo habt und euch die Beziehung sehr wichtig ist. Die Schwäche könnte darin liegen, dass Probleme deinerseits unter den Teppich gekehrt werden.
Training: Sei entschlusskräftig. Nimm dir einen Trainingsschritt vor und arbeite stetig darauf hin, um dann den nächsten in Angriff zu nehmen. Mit geneinsamem Kuscheln könnt ihr euch gegenseitig motivieren.

MENSCH TEAMPLAYER + HUND GEWISSENHAFT

Ansatz: Was bei euch gut passt, ist ein ähnliches Tempo. Für diesen Hund ist es wichtig, dass er die Zeit hat, alles zu verstehen. Die gibst du ihm gerne. Es kann dir aber passie-

Sehr ruhig und souverän wehrt Tom den Angriff ab.

ren, dass dieser Hund, wenn er in seine Aufgabe vertieft ist, z. B. das Bewachen eines Grundstücks, mehr Ansprache von dir braucht. Dann musst du deutlicher werden, damit er versteht, was gerade in diesem Moment seine Aufgabe ist. In diesem Beispiel zeigst du ihm, dass du die Aufgabe des Bewachens übernimmst.
Training: Bleibe konsequent, mache ihm klar, wie er seine Aufgaben gut erledigen kann und was du von ihm erwartest. Diese Hunde brauchen die Bestätigung, alles richtig zu machen und wichtig zu sein. Kuscheln und Streicheln oder Futter sind oft nicht die richtige Belohnung für diesen Hund.

MENSCH GEWISSENHAFT + HUND MACHER

Ansatz: Du bist vorsichtig und analytisch unterwegs und dein Hund liebt das Risiko und setzt sich gerne durch. Das kann eine explosive Mischung sein.
Training: Du wirst manchmal improvisieren müssen – einfach deshalb, weil dein Hund schnell etwas entscheidet. Mit deinem Ansatz, im Training alles richtig machen zu wollen, dringst du zu spät in den Kopf deines Hundes und er hat sich schon entschieden, den Menschen anzublaffen oder die Katze zu vertreiben. Das heißt, er hatte Erfolg. Deshalb ist es ratsam, dass du dir deine Stärke der Planung zu Hilfe holst und ein gewisses Management betreibst.

MENSCH GEWISSENHAFT + HUND EXTROVERTIERT

Ansatz: Ständiges Üben langweilt den Extrovertierten. Bringe Abwechslung in deinen Alltag, bzw. integriere diesen Hund in Ausflüge und andere Aktivitäten.
Training: Als gewissenhafter Mensch musst du immer wieder Pausen für deinen extrovertierten Hund einplanen, damit er nicht hochdreht. Gleichzeitig sorgt dieser Hund aber auch dafür, etwas Spaß und Unvorhergesehenes in dein Leben zu bringen. Versuche diese Erweiterung deines Lebens zu genießen, raus aus der Komfortzone!

MENSCH GEWISSENHAFT + HUND TEAMPLAYER

Ansatz: Für diesen Hund ist es wichtig, regelmäßig Körperkontakt zu haben und sich anschließen zu können. Regelmäßige entspannte Streicheleinheiten oder schlichtweg Liebe sind für ihn elementar.
Training: Viel Lob und echte Anerkennung motivieren diesen Hund. Lass dir dabei Zeit und nutze die gemeinsame Verbindung, die dabei entsteht.

MENSCH GEWISSENHAFT + HUND GEWISSENHAFT

Ansatz: Euer Tempo und eure Ziele sind ein perfektes Match. Ihr wisst, was ihr in eurem Leben wollt und bleibt dabei ruhig, überlegt und gelassen. Hektik und Neues ist nicht eure Welt und erstrebenswert. Manchmal erreicht man eine Tiefe in Beziehungen über gemeinsames Tun – das ist perfekt für euch.
Training: Arbeitet ruhig, systematisch und konsequent an euren Zielen.

Der G-Hund ignoriert das Gewusel.

VERHALTENSSTRATEGIEN VON HUNDEHALTENDEN

Jeder Typ Mensch hat Stärken und Schwächen, die je nach Hundetyp im Training und in der Beziehung beachtet werden müssen

HUND **MENSCH**	 **DIE MACHER (M)**	 **DIE EXTROVERTIERTEN (E)**
DIE MACHER (M)	— Freiheiten zulassen — nicht gängeln — souverän bleiben — Misserfolge gelassen ertragen — Korrekturen müssen logisch und fair sein	— freundlicher und zugewandter — Spaß haben und locker bleiben — nicht nur zielorientiert arbeiten — gemeinsames Entspannen nicht vergessen — nicht zu hoher Anspruch — Frust üben, nicht genervt werden — Ruhe üben (Mensch & Hund)
DIE EXTROVERTIERTEN (E)	— klare Befehle — Ziele klar umreißen und nicht ständig verändern — konsequent bleiben — konkret beim Wesentlichen bleiben	— konsequent sein — Struktur behalten — Ruhe halten und aushalten — Entspannung einbauen — Frust üben (Mensch & Hund) — Tempo rausnehmen
DIE TEAMPLAYER (T)	— zuversichtlich und selbstbewusst sein — nicht einschüchtern lassen — souverän Befehle geben — sich durchsetzen — Konflikte direkt angehen	— Impulskontrolle fordern — nicht von Frust beeindrucken lassen — klare Grenzen setzen — auch auf Distanz achten — Respekt
DIE GEWISSENHAFTEN (G)	— nicht zu spät agieren — Herausforderungen einbauen — schnell auf unerwünschtes Verhalten achten — sich nicht im Detail verlieren — schnell und klar zum Wesentlichen kommen	— Abwechslung im Training — Begeisterung zeigen — nicht detailverliebt sein

DIE TEAMPLAYER (T)

DIE GEWISSENHAFTEN (G)

DIE TEAMPLAYER (T)	DIE GEWISSENHAFTEN (G)
— langsamer und weniger forsch — Details zeigen — Zeit lassen und einzelne Schritte erarbeiten — Nähe und Liebe zeigen — echte Wertschätzung zeigen — Unsicherheiten überprüfen und verstehen	— schrittweiser Trainingsaufbau — Zeit lassen — nicht zu fordernd werden — geduldig sein — Korrekturen müssen logisch und fair sein — versteht der Hund etwas nicht, ihm es im Detail zeigen
— Sicherheit geben — liebevolle und strukturierte Führung geben — Zeit für Entscheidungen lassen — keine ständigen Veränderungen — gleiche Befehle nutzen, kein Wechsel — Struktur beibehalten	— nicht zu überschwänglich sein — Zeit lassen — keine ständigen Veränderungen — nicht zu viel berühren — Lob über Clicker oder Futter — gleiche Befehle nutzen
— trotz viel Liebe deutlich machen, dass man Befehle befolgen muss — entschlusskräftiger sein — zusammen auch etwas ausprobieren	— nicht von Skepsis verunsichern lassen — klarer Umgang — Lob über Futter oder Clicker
— nicht nur Aufgaben — Beziehung aufbauen — liebevolles Lob — Kuschelzeiten einbauen	— schätzt Gründlichkeit und strukturierte Vorgehensweise — darauf achten, dass Nähe entstehen kann

ZUSAMMENLEBEN MEHRERER HUNDE

Es ist nicht immer einfach, zum Deckelchen den Topf zu finden. Das wissen wir von unserer eigenen Spezies, sonst würden wir keine Scheidungsanwälte benötigen.

Schwieriger wird es, wenn man nicht nur Töpfe hat, sondern auch Pfanne, Bräter und Kessel. Oder anders ausgedrückt: wenn der Hund zur Familie, Ehepartner, Kindern, Eltern und anderen Hunden passen soll. Da gibt es vielleicht schon Seniorhunde oder eine unkastrierte Hündin, die man nicht kastrieren möchte? Vielleicht hat man auch noch Katzen oder Pferde? Ihr seht, es ist kompliziert.
Was passt? Was ist gut? Was bringt dem Hund oder den Hunden, die man schon hat, einen Vorteil? Auf keinen Fall wollt ihr, dass euer Hund ausziehen möchte, sobald der neue einzieht?

Manchmal braucht es etwas Überredung und in jedem Fall Zeit und Geduld, bis das Zusammenleben klappt. Uns sollte dabei immer bewusst sein, dass ein Hund nicht einfach wieder so abgegeben werden kann, sollte es nicht passen. Wieder zurück zum Züchter oder ins Tierheim ist nicht immer möglich und sollte der letzte Ausweg sein!

Ältere Hunde! Zwei, die sich auch ohne große Gesten verstehen.

EINE FRAGE DES ALTERS

Stellt euch einmal vor, ihr seid 80 Jahre alt und die Enkel kommen zu Besuch. Man freut sich riesig… doch nach einem oder zwei Tagen ist man froh, wenn sie wieder gehen. Natürlich ist es etwas anders, wenn wir sie regelmäßig stundenweise sehen, aber den ganzen Tag, rund um die Uhr? Da ist man nach ein paar Tagen völlig erschöpft. Falls ihr euch das nicht vorstellen könnt, fragt mal ältere Freunde, eure Eltern oder Großeltern.
Nun müsst ihr euch vorstellen, dass es für einen alten Hund ähnlich aussehen kann. Ist er es nicht gewohnt und hat vielleicht sein Leben lang alleine gelebt, dann ist der Einzug eines jungen Hundes im hohen Alter eine große Umstellung. Einige von euch werden jetzt einwenden: *„Aber bei meinem Hund…"* Und natürlich gibt es immer die Ausnahmen und ist auch ein stückweit von euch selbst abhängig, z. B., wenn ihr ständig präsent seid und die beiden beobachten könnt. Dann könnt ihr sofort eingreifen und den Kleinen von eurem alten Hund auch mal fernhalten. Es gibt kein Richtig oder Falsch. Es gibt aber einiges, was man beachten sollte. Es ist wichtig, die Augen nicht davor zu verschließen, dass es für den alten Hund nicht unbedingt Vorteile bringt. Meist ist es so, dass ein alter extrovertierter Typ immer noch sehr offen für Neues ist und sich über einen jungen Gewissenhaften oder Teamplayer freut. Ein gleichgeschlechtlicher Manager könnte aber unangenehm für den alten Hund werden. In der Regel gilt Folgendes:

Innerhalb von 5 Minuten hat es zwischen diesen beiden Hunden gefunkt.

Ein **„alter Macher"** kommt fast mit allen jungen Typen klar, da er (vor allen Dingen mit eurer Unterstützung) sein Leben so weiterleben kann und dem jungen Hund gut Grenzen aufzeigen kann.

Ein **„alter Extrovertierter"** ist meist offen und kommt auch gut klar, vor allen Dingen mit Teamplayern und Gewissenhaften. Mit dem Alter wird selbst ein Extrovertierter etwas ruhiger.

Ein **„alter Teamplayer"** ist meist nicht offen für Neues und kommt oft mit jungen verspielten, distanzlosen Extrovertierten nicht gut klar. Da passt ein junger Teamplayer oder ein Gewissenhafter besser.

Das Gleiche gilt auch für die **„alten Gewissenhaften"**. Allerdings habe ich vor ein paar Jahren eine kleine extrovertierte Hündin mit einem gewissenhaften alten Rüden vergesellschaftet – und es lief perfekt. Die Hündin hat die Menschen zum Spielen und der gewissenhafte Rüde ist froh, endlich seine Ruhe zu haben und nicht immer von den Menschen beschmust zu werden. Gleichzeitig ist die Hündin ihm gegenüber rücksichtsvoll, weil sie auch genug Beschäftigung seitens ihrer Menschen bekommt.

Zwei, die sich trotz Altersunterschied verstehen.

EINE FRAGE DES GESCHLECHTS

Auch das Geschlecht – ob Hündin oder Rüde – spielt eine Rolle, und in diesem Zusammenhang natürlich die Hormone. Im Allgemeinen haben die Hündinnen oft das Sagen bzw. dürfen sich bei einem Rüden mehr herausnehmen. Zu einem souveränen Macher passt meist eine extrovertierte Hündin, wenn sich der Mensch hier gut einbringt. Aber auch eine gewissenhafte Hündin würde sich sicher gut einfügen. Zu einem extrovertierten Rüden kann man fast alles dazunehmen, wobei eine sehr ruhige gewissenhafte Hündin, vor allem wenn sie schon älter ist, genervt sein kann. Ein männlicher Teamplayer ist oft mit einer weiblichen Extrovertierten überfordert.

CHARAKTERE IM TEAM

Im Prinzip ist es wie in einer Firma, in der man ein Team leitet. Es ist von Vorteil, wenn man unterschiedliche Persönlichkeitstypen in einem Team vereint. So ist jeder für andere Aufgaben zuständig, die gut passen und dem Talent entsprechen. Allerdings braucht solch ein Team eine gute Führung, also einen souveränen Chef, der jeden so anerkennt, wie er ist und seine Wertschätzung für das ausdrückt, was dieser kann. Natürlich gibt es hier auch soziale Hierarchien und die Schwächeren werden geschützt. Möchte man sich als Mensch weniger einbringen, rate ich zu einer Gruppe mit Teamplayern oder Gewissenhaften.

Eine extrovertierte Hündin freundet sich mit einem Teamplayer an.

AUS DER PRAXIS

DER AUS DER REIHE TANZT…

Vera hatte schon viele Hunde, die, so wie ich es rückblickend beurteilen kann, allesamt Teamplayer waren. Alle bis auf einen. Die Hunde, die Vera hatte, schätzte sie besonders dafür, dass sie sich gerne an ihr orientierten und quasi von selbst das taten, was sie von ihnen erwartete. Vera liebte die Struktur und Einfachheit, die ihr die Beziehung zu ihren Hunden ermöglichte, ohne dass sie in Konflikte geraten musste. Ihr Alltag war routiniert und ihre Hunde fügten sich nahtlos ein. Vera war ein klassischer Teamplayer.

Dann kam ein Hund, der aus der Reihe tanzte. Als Vera mir diesen Hund vorstellte, wurde schnell klar, dass er ein ganz anderes Kaliber war – ein „Extrovertierter", der voller Energie auf mich zu gehüpft kam, an der Leine zog und dabei fröhlich „lächelte".

Zwei, die sich verstehen.

Er brachte mich sofort zum Lachen. Vera war frustriert, denn bisher hatte sie nicht wirklich Hunde trainieren müssen. Dieser kleine „Clown" forderte jedoch genau das von ihr. Er tanzte ausgelassen an der Leine und Vera reagierte oft etwas zu spät.

VERSTÄNDNIS FÜR DIE VERSCHIEDENEN TYPEN

Ich erklärte Vera das Vier-Farbtypen-Modell, um ihr zu verdeutlichen, dass ihr Hund nicht gegen sie arbeitete, sondern einfach einen ganz anderen Charakter hatte. Mit diesem Verständnis konnte sie ihren Hund viel besser akzeptieren. Sie hatte zuvor gedacht, der Hund könne sie nicht leiden und wolle sie ärgern. Als ihr jedoch bewusst war, wie unterschiedlich ihre Charaktere waren und wie viel sie voneinander lernen konnten, konnten wir mit dem Training beginnen und die Beziehung verbesserte sich stetig. Es war wichtig, dass Vera verstand, dass ihr Hund Auslastung benötigte, aber nicht ständig überdreht werden sollte. Stattdessen sollte er lernen, Ruhe zu bewahren, was wir durch Impulskontrolltraining angingen. Wir begannen auch mit Dummytraining zur gezielten Auslastung, führten Schleppleinentraining ein und verbesserten die Ansprechbarkeit des Hundes. Zu Hause richteten wir Ruheplätze ein und der Hund lernte, auch allein zu bleiben, was ihm anfangs schwerfiel.

Durch diese maßgeschneiderten Trainingsansätze lernte Vera, wie sie die natürliche Energie ihres Hundes in positive Bahnen lenken und eine harmonische Beziehung aufbauen konnte.

Jeder Hund bringt seine eigene Persönlichkeit mit. Das kann sofort passen, manches braucht aber auch Zeit und Nerven.

WELCHER HUND PASST ZU MIR?

Probleme können helfen, uns weiterzuentwickeln. Das müssen wir jedoch auch schätzen und bereit sein, uns selbst zu reflektieren. Oft lernen wir am meisten von den für uns problematischen Hunden.

Bin ich als Mensch ein Teamplayer und möchte eine harmonische Beziehung ganz ohne Konflikte, dann sollte ich mir als Hund einen Teamplayer anschaffen. Wie ich selbst, ist er verschmust, mag gerne körperliche Nähe, braucht aber auch seine Ruhephasen. Möchte ich hierzu noch einen zweiten Hund, sollte er ähnliche Charaktereigenschaften haben. Als Macher kann ich fast alle Hundetypen managen, muss aber darauf achten, dass ich die Teamplayer in der Gruppe unterstütze und ihnen auch einzelne Schmuseeinheiten gönne. Als Extrovertierte tue ich mich manchmal mit einem Gewissenhaften schwer. Er braucht vielleicht Rituale, die mich in meiner Freiheit einschränken. Habe ich noch andere extrovertierte Hunde, dann kann es sein, dass der Gewissenhafte zu unscheinbar ist und nicht genügend gewürdigt wird. Bei einem extrovertierten Hund besteht die Gefahr, dass wir uns beide zu sehr im Tun verlieren und zu wenig Ruhephasen und Auszeiten nutzen. Als gewissenhafter Mensch brauche ich einen Hund, der nicht zu hektisch ist und mich in meinem Tempo lässt. Ein Teamplayer oder ein Gewissenhafter wären hier perfekt.

EIGENE MOTIVATION IM HUNDETRAINING

Jeder Mensch gerät im Hundetraining mal an seine Grenzen – sei es durch mangelnde Fortschritte, Missverständnisse mit dem Hund oder einfach durch persönliche Zweifel.

Entscheidend ist, wie man mit diesen Herausforderungen umgeht, um motiviert zu bleiben und nicht aufzugeben. Verhaltensveränderungen kosten Zeit (bei uns und bei unserem Hund).

1. Die richtige Einstellung entwickeln

Training ist kein linearer Prozess. Es gibt Höhen und Tiefen, gute Tage und frustrierende Momente. Ein wichtiger erster Schritt ist es, sich bewusst zu machen, dass Rückschläge dazugehören. Jeder Fehler – sei es vom Hund oder vom Menschen – ist eine Lerngelegenheit. Anstatt sich zu ärgern, sollte man sich fragen: Was kann ich daraus mitnehmen?

2. Realistische Ziele setzen

Zu hohe Erwartungen führen schnell zu Frustration. Setze dir und deinem Hund erreichbare, klar definierte Ziele. Anstatt *„Mein Hund soll perfekt an der Leine laufen"* könnte das Ziel lauten: *„Mein Hund soll motiviert an der Schleppleine laufen."* Das geht sehr schnell und es motiviert für mehr.

3. Eigene Emotionen reflektieren

Ein aufgeregter oder frustrierter Mensch kann keinen ruhigen und konzentrierten Hund erwarten. Wer sich selbst gut kennt, kann besser auf seine Stimmung achten und entsprechend handeln. Fühle ich mich gestresst? Bin ich ungeduldig? Dann ist es vielleicht besser, eine kurze Pause zu machen oder das Training auf einen besseren Moment zu verschieben.

4. Routinen schaffen und konsequent bleiben

Regelmäßigkeit ist der Schlüssel zu Fortschritt. Wer sich feste Trainingszeiten setzt – sei es täglich oder mehrmals wöchentlich –, bleibt eher dran. Aber auch die innere Konsequenz zählt: Wenn ich mir vornehme, an einem bestimmten Verhalten zu arbeiten, sollte ich das auch durchziehen und nicht inkonsequent sein, weil es gerade anstrengend ist.

5. Erfolge feiern – auch die kleinen

Oft übersehen wir die Fortschritte, weil wir uns zu sehr auf das konzentrieren, was noch nicht funktioniert. Dokumentiere deine Erfolge – sei es durch ein Trainingstagebuch oder einfach durch bewusstes Wahrnehmen. Hat dein Hund heute schneller auf dein Signal reagiert als gestern? Super! Diese Momente sind es wert, gefeiert zu werden.

Manchmal hilft kein Bitten!

Der Hund macht, was er möchte.

Und spielt sein eigenes Spiel.

Auch, wenn wir ihn noch so motivieren.

6. Abwechslung ins Training bringen

Eintönigkeit kann die Motivation dämpfen – sowohl beim Menschen als auch beim Hund. Variiere die Übungen, baue neue Elemente ein und wechsle Trainingsorte. Hunde lernen ortsbezogen, d. h., ignoriert dein Hund die Katzen im Dorf, dann besuche die Hasen auf dem Feld.

7. Sich Unterstützung holen

Niemand muss alles alleine schaffen. Der Austausch mit Gleichgesinnten, eine Trainingsgruppe oder ein erfahrener Hundetrainer/eine erfahrene Hundetrainerin können neue Perspektiven bieten und für Motivation sorgen. Manchmal reicht es schon, über Herausforderungen zu sprechen, um neue Energie zu tanken.

8. Spaß nicht vergessen

Hundetraining sollte keine Pflichtaufgabe sein, sondern eine bereichernde Zeit mit dem Hund. Wer mit Freude dabei ist, bleibt motivierter. Spiele mit deinem Hund, habe gemeinsame Erfolgserlebnisse und genieße eure Fortschritte – dann bleibt auch die Motivation erhalten.

9. Trainingsvideos

Filmst du das Verhalten von dir und deinem Hund am Anfang des Trainings, dann erkennst du auch die kleinsten Fortschritte.

Fazit: Motivation ist Selbstfürsorge. Wer sich selbst gut kennt, realistische Ziele setzt und mit Freude trainiert, bleibt länger am Ball. Rückschläge gehören dazu, aber mit der richtigen Einstellung, Unterstützung und etwas Abwechslung wird das Hundetraining nicht nur effektiver, sondern auch erfüllender. Dranbleiben lohnt sich – für dich und deinen Hund! Haben wir unsere eigenen Verhaltenstendenzen erkannt, wissen wir, auf welchen dieser Punkte wir besonders achten müssen und wie wir ein Motivationsloch vermeiden können.

DIE M'S – STÄRKEN GEZIELT NUTZEN

Als Macher zeichnest du dich durch Zielstrebigkeit und Durchhaltevermögen aus. Wenn du dir ein Ziel setzt, kannst du es klar vor Augen sehen und arbeitest fokussiert darauf hin. Doch genau diese Entschlossenheit kann zu Stress führen, wenn du das Gefühl hast, die Kontrolle zu verlieren – sei es durch eigenes mangelndes Wissen oder weil du von der Kompetenz deines Hundetrainers/deiner Hundetrainerin nicht vollständig überzeugt bist.

LÖSUNGSANSÄTZE FÜR NACHHALTIGEN ERFOLG

— **Professionelle Unterstützung suchen** Wähle einen Trainer/eine Trainerin, dem/der du hohe Fachkompetenz zuschreibst und dem du vertraust. Für dich ist ein individuelles Einzeltraining besonders sinnvoll, da dort gezielt auf deine spezifischen Herausforderungen eingegangen wird. So kannst du sicherstellen, dass ihr mit jeder Trainingseinheit spürbare Fortschritte macht.

— **Fragen aktiv stellen** Treten Unsicherheiten auf, zögere nicht nachzufragen. Je mehr Wissen du dir aneignest, desto sicherer fühlst du dich – und desto weniger gerätst du in Situationen, die dich stressen und in denen du überreagierst.

— **Klare Zwischenziele setzen** Während dein Gesamtziel im Fokus bleibt, kann es hilfreich sein, dir kleinere, realistische Etappen zu setzen. So behältst du die Kontrolle über den Prozess und feierst regelmäßig Erfolge, die dich motivieren und dein Vertrauen stärken.

— **Unabhängig handeln und Alternativen finden** Als Macher profitierst du davon, eigenständige Entscheidungen zu treffen. Wenn ein Trainingsansatz nicht zu dir passt, suche nach Alternativen, die deinen Bedürfnissen entsprechen und in denen du selbst aktiv gestalten kannst.

Sich klar durchzusetzen, ist für Macher kein Problem.

— **Stress durch Bewegung abbauen** Körperliche Betätigung kann dir helfen, Anspannung abzubauen und einen klaren Kopf zu bekommen. Ausdauersport – gemeinsam mit deinem Hund – gibt dir die Möglichkeit, überschüssige Energie sinnvoll zu nutzen und dein Training mit mehr Gelassenheit anzugehen.

Fazit: Nutze deine Stärken, um Kontrolle zu gewinnen, und akzeptiere, was nicht veränderbar ist. Mit der richtigen Unterstützung, einer klaren Struktur und genügend Raum für eigene Entscheidungen, wirst du im Training langfristig erfolgreich sein.

DIE E'S – MOTIVATION DURCH SPASS

Als extrovertierter Mensch brauchst du Action, Abwechslung und vor allem eines: Feedback! Still vor dich hintrainieren, ohne Austausch oder sichtbare Fortschritte? Das fühlt sich für dich schnell frustrierend an. Genauso wie monotone, präzise Aufgaben, die Geduld und akribische Wiederholungen erfordern. Doch keine Sorge – mit ein paar cleveren Strategien kannst du das Training so gestalten, dass es zu dir passt und dich langfristig motiviert.

LÖSUNGSANSÄTZE FÜR NACHHALTIGEN ERFOLG

— **Gemeinsam statt einsam** Suche dir Gleichgesinnte, mit denen du zusammen trainieren kannst. Eine Gruppe oder ein Trainingspartner sorgt für mehr Spaß, Dynamik und Motivation. So wird das Training nicht zur Pflicht, sondern zum gemeinsamen Abenteuer!

— **Den Blick auf das große Ziel richten** Es kann sich anfühlen, als würdest du durch die Trainingsstruktur an Flexibilität verlieren – doch genau das Gegenteil ist der Fall! Halte dir vor Augen: Sobald dein Hund die Basics beherrscht, hast du viel mehr Freiheit. Du kannst ihn überallhin mitnehmen, ihn sicher frei laufen lassen und eure gemeinsamen Aktivitäten noch mehr genießen.

— **Spaß nicht vergessen** Für dich ist es essenziell, dass das Training nicht nur effektiv, sondern auch spaßig bleibt. Baue gezielt lockere Einheiten ein, in denen es nicht ums Lernen geht, sondern einfach nur um gemeinsame Freude. Toben, spielen, Neues ausprobieren – so bleibt die Begeisterung erhalten!

Fazit: Training muss sich für dich nicht wie eine Pflicht anfühlen. Mit der richtigen Mischung aus Struktur und Flexibilität kannst du Fortschritte machen, ohne dass die Freude auf der Strecke bleibt. Suche dir ein Trainingsumfeld, das zu dir passt, halte dir die langfristigen Vorteile vor Augen – und sorge immer wieder für Momente, in denen du einfach genießen kannst!

Und „Ääääktion“ – nur keine Langeweile!

Gemeinsames Training macht Freude und bringt dir Sicherheit.

DIE T'S – ERFOLG DURCH UNTERSTÜTZUNG

Als Teamplayer bist du am Stärksten, wenn du dich verstanden und unterstützt fühlst. Dir geht es nicht nur um das reine Training, sondern auch um das Miteinander – mit deinem Hund, deinem Trainer und deiner Trainingsgruppe. Ein unpersönlicher, strenger Umgang oder übermäßiger Druck kann dich verunsichern und deine Motivation senken. Doch mit der richtigen Herangehensweise kannst du das Training für dich angenehm und effektiv gestalten.

LÖSUNGSANSÄTZE FÜR NACHHALTIGEN ERFOLG

- **Persönliche Unterstützung nutzen** Suche dir einen Trainer/eine Trainerin, der/die dir Zeit gibt und dich in deinem individuellen Tempo lernen lässt. Du brauchst die Möglichkeit, Übungen mehrfach zu wiederholen, um die nötige Routine zu entwickeln. So kannst du auch in stressigen Situationen sicher auf dein erlerntes Wissen zurückgreifen.
- **Gemeinsam statt allein** Eine nette Trainingsgruppe kann für dich sehr wertvoll sein. Der Austausch mit Gleichgesinnten, gegenseitige Motivation und eine wertschätzende Atmosphäre helfen dir, dranzubleiben und dich sicher zu fühlen. Wichtig ist, dass du dich wohlfühlst und nicht das Gefühl hast, dich beweisen zu müssen.
- **Kritik als Chance sehen** Weil dir Harmonie wichtig ist, kann direkte Kritik oder ein harter Ton dich schnell verunsichern. Versuche, Rückmeldungen nicht als persönliche Kritik, sondern als hilfreiche Hinweise zu sehen, die dir und deinem Hund weiterhelfen.
- **Dein eigenes Tempo akzeptieren** Du musst nicht alles sofort perfekt können – und das ist völlig in Ordnung! Setze auf kontinuierliches Üben, ohne dich selbst zu sehr unter Druck zu setzen. Bleibe in deinem Rhythmus, denn Beständigkeit führt langfristig zum Erfolg.

Fazit: Für dich ist Training dann effektiv, wenn es in einer unterstützenden Umgebung stattfindet. Suche dir Menschen, mit denen du dich wohlfühlst, und gib dir selbst die Zeit, die du brauchst. Mit Geduld, Struktur und einem wertschätzenden Umfeld wirst du nicht nur erfolgreich trainieren – sondern auch langfristig Freude daran haben!

DIE G'S – SICHERHEIT DURCH STRUKTUR

Als Gewissenhafter fühlst du dich am wohlsten, wenn du gut vorbereitet bist und klare Abläufe hast. Spontane Entscheidungen oder unvorhersehbare Situationen können dich schnell unter Stress setzen, weil du gern kontrolliert und strukturiert arbeitest. Doch mit der richtigen Herangehensweise kannst du diese Herausforderung meistern und dein Training effektiv gestalten.

LÖSUNGSANSÄTZE FÜR NACHHALTIGEN ERFOLG

- **Struktur als Sicherheitsnetz nutzen** Gib dir selbst einen klaren Plan, an den du dich halten kannst. Das bedeutet nicht, dass du starr bleiben musst – aber eine durchdachte Vorgehensweise gibt dir Sicherheit und hilft dir, dich nicht von Unsicherheiten lähmen zu lassen.
- **Wissen ist deine Stärke** Je mehr du über Hundeverhalten und Trainingsmethoden lernst, desto handlungsfähiger wirst du. Nutze Fachliteratur, Seminare oder Trainer/Trainerinnen, um dir fundiertes Wissen anzueignen. So kannst du Entscheidungen treffen, die auf Fakten basieren, und wirst seltener von unerwarteten Situationen überrascht.
- **Vorausschauend denken** Überlege im Voraus, wie dein Hund in bestimmten Situationen reagieren könnte, und spiele diese Szenarien gedanklich durch. Dadurch fühlst du dich sicherer und kannst im Ernstfall schneller reagieren, ohne in Hektik zu verfallen.
- **Perfektionismus loslassen** Fehler sind kein Zeichen von Versagen, sondern ein natürlicher Teil des Lernprozesses – für dich und deinen Hund. Manchmal ist es wichtiger, eine klare Entscheidung zu treffen, als lange nach der perfekten Lösung zu suchen. Wenn du beispielsweise zu lange überlegst, wie du deinen Hund am besten vom Jagen abhältst, könnte er längst Erfolg gehabt haben. Handeln ist hier wichtiger als Perfektion.
- **Klare Anleitungen nutzen** Falls du mit einem Trainer/einer Trainerin arbeitest, lasse dir einen detaillierten Plan geben, den du Schritt für Schritt umsetzen kannst. Das gibt dir Orientierung und hilft dir, deinen Fokus zu behalten, ohne dich von Unsicherheiten ablenken zu lassen.

Fazit: Für dich ist ein erfolgreiches Training dann gegeben, wenn du einen klaren Rahmen hast, dich gut vorbereitet fühlst und mit Wissen gestärkt wirst. Erlaube dir, auch mal unperfekt zu handeln, denn im Training zählt nicht nur die Theorie, sondern auch die praktische Umsetzung. Mit Struktur, vorausschauender Planung und der richtigen Einstellung können du und dein Hund ein starkes Team werden!

Mit Struktur mehrere Hunde entspannt führen.

EXTRA

TEST FÜR DEIN MOTIVATIONSRASTER

Der kleine Test dient dazu, deine Motive im Job oder in deinem privaten Leben sichtbarer zu machen. Was treibt dich an und welche Werte sind dir wichtig?

Schritt 1: Vergleiche immer die zwei sich gegenüberstehenden Begriffe und entscheide dich spontan für den wichtigeren. Streiche den anderen durch.

Schritt 2: Vergleiche die nun übrigen sechzehn Begriffe miteinander, indem du immer zwei untereinanderstehende Begriffe vergleichst und wieder einen streichst.

Schritt 3: Vergleiche erneut die acht übrigen untereinanderstehenden Begriffe paarweise und streiche einen, sodass nur noch vier Begriffe übrigbleiben.

MOTIVATIONSRASTER

Anerkennung	finanzielle Sicherheit
Spaß	Selbstwirksamkeit
Freizeit	Ansehen
Lebensfreude	Gerechtigkeit
Reichtum	Harmonie
Ästhetik	Sinnhaftigkeit
Freiheit	Ordnung
Geborgenheit	stetiges Lernen
Prestige	Unabhängigkeit
Beständigkeit	Erfolg
Einfluss	Entfaltung
Loyalität	Abenteuer
Struktur	Status
Leichtigkeit	Zugehörigkeit
Schönheit	Geliebtwerden
Verlässlichkeit	Werteorientierung

Ergebnis: Die Werte, die nicht gestrichen sind, können auch bei deinem Hund wichtig sein. Das heißt, steht bei Motivation „Freiheit“, dann wird es dir schwerfallen, deinen Hund immer an die Leine zu nehmen. Hier könnte für dich wichtig sein, dass du dir klarmachst, dass dies nur eine Zeit lang notwendig ist. Steht bei Motivation „Prestige“, kann es sein, dass du von deinem Hund im jetzigen Ausbildungsstand zu viel forderst.

Spaß trifft Unabhängigkeit.

Langsames Vorgehen hilft dem introvertierten Hund.

DIE GESCHICHTE VOM KLEINEN ENGELCHEN

Es begab sich zu der Zeit, als ein kleines Engelchen auf einer Wolke saß und missmutig auf seiner Unterlippe kaute. Das Engelchen hatte schon einiges von der Welt gesehen und unterschiedliche Aufgaben übernommen. So war es zum Beispiel lange Zeit die Muse von Michelangelo. Mit den Jahren kamen neue Aufgaben und nun sollte es Menschen als Schutzengel begleiten. Das machte dem Engelchen viel Freude… eigentlich. Aber als Schutzengel war es nicht nur wichtig, seinen Menschen zu beschützen, man musste ihn auch dazu bewegen, sich in seinem Leben weiterzuentwickeln. Bei seinem jetzigen Menschen geriet diese Aufgabe jedoch ins Stocken.

Ein anderes Engelchen kam an der Wolke vorbei und fragte: *„Warum schaust du so kritisch? Kann ich dir irgendwie helfen?“* Das kleine Engelchen blickte missmutig drein und sagte: *„Ich bin der Schutzengel dieses netten Menschen und ich mag ihn sehr gerne. Aber ich wünsche mir so sehr, dass er noch ein bisschen an seinem Leben feilt, dass er freier und fröhlicher wird und sich aus seiner Komfortzone begibt. Ich habe schon alles probiert, aber nichts passiert.“*

Das andere Engelchen lachte, denn es hatte die perfekte Lösung: *„Ich habe hier einen kleinen Hund, dessen Schutzpatron ich bin, und ich glaube, die zwei würden perfekt zusammenpassen. Das kleine Dingelchen ist manchmal so unsicher und beißt dann um sich. Es braucht einen ganz besonderen Menschen.“*

Und so geschah es, dass der nette Mensch und der unsichere Hund zusammenkamen. Es war nicht einfach und viele Unstimmigkeiten mussten bewältigt werden. Aber sie lernten viel voneinander und wuchsen immer enger zusammen.

Jeder Hund, der unser Leben betritt, verändert uns und hinterlässt Spuren, wie es nur wenigen Menschen möglich ist.

WAS WIR LERNEN KÖNNEN

HUND / **MENSCH**	 **DIE MACHER (M)**	 **DIE EXTROVERTIERTEN (E)**
DIE MACHER (M)	— Nicht ständig konkurrieren und kontrollieren, die Stärke des anderen akzeptieren und stehen lassen.	— Die Leichtigkeit des Seins! Nicht nur der Weg ist das Ziel, sondern auch die Freude und der Spaß, den Weg gemeinsam zu gehen.
DIE EXTROVERTIERTEN (E)	— Die Ziele, die man sich vorgenommen hat, bis zum Ende im Blick behalten.	— Auch in der Ruhe kann Beziehung tiefer werden und nicht nur im Tun.
DIE TEAMPLAYER (T)	— Sich selbst durchsetzen, im Konflikt klar sein und die Beziehung trotzdem erhalten. — Zu seinen eigenen Wünschen stehen.	— Ein bißchen Spaß und Extrovertiertheit bringen neue Impulse in mein Leben und es bleibt trotzdem sicher und geborgen.
DIE GEWISSENHAFTEN (G)	— Perfektion loslassen, um schnell agieren zu können.	— Veränderungen können auch positiv sein. — Das Glas ist halb voll und nicht halb leer.

 **DIE TEAMPLAYER (T)**	 **DIE GEWISSENHAFTEN (G)**
— Nähe zuzulassen, ist kein Zeichen von Schwäche. — Ruhe bewahren und ohne Druck arbeiten. — Wohlwollend mit dem Gegenüber sein und die Welt aus seinen Augen sehen.	— Geduld haben, ist keine Schwäche. — Sich Zeit lassen nützt manchmal mehr, als darauf loszustürmen.
— In der Ruhe liegt die Kraft. — Struktur und Entspannung in das eigene Leben einbauen.	— Ruhe und Perfektion können auch Sinn ergeben und besser zum Ziel führen.
— Auch wenn wir mal Distanz haben, können wir weiter existieren und uns mögen. — Distanz und Nähe geben Beziehungen Stärke.	— Manchmal geht es auch um die Sache. — Eine Beziehung wird nicht schlechter durch fehlende Nähe.
— Nähe kann schön sein. — Emotionen dürfen und sollten gelebt werden.	— Man muss nicht alles 100-mal durchdenken, das kann zu Stillstand führen.

KONTAKT ZU FREMDPERSONEN

01 Der G durchdenkt die Situation und macht sich überlegt auf den Weg.

02 G-typisch nimmt er das Leckerchen ganz vorsichtig.

03 Der E-Hund stürzt sich voller Begeisterung auf die neue Bekanntschaft.

04 Für ein Leckerchen macht sie sogar Kunststückchen und stellt sich auf die Hinterbeine.

KOMMUNIKATION IN EINER GRUPPE

01 Weil die zwei Labradore eine zu wuselige Dynamik entwickeln …

02 … trennt die Macherin (Tschechoslowakischer Wolfshund) ihre zwei Mitbewohnerinnen.

03 Sie weist eine der Labrador-Hündinnen zurecht.

04 Nach der Zurechtweisung ist der kurze Streit beendet.

05 Die Labrador Retriever-Hündin zeigt, dass sie es verstanden hat.

HUNDEBEGEGNUNGEN

01 Die extrovertierte Labrador-Hündin trifft auf einen Macher-Rüden.

02 Die Labrador-Hündin verliert die Nerven und zickt ihn an.

03 Ihre Teamplayer-Freundin deeskaliert die Situation …

04 … und zeigt sich typisch teamplayer-freundlich dem M-Rüden gegenüber.

01 Der extrovertierte weiße Galgo versucht die Stimmung freundlich zu gestalten.

02 Er ist zwar beeindruckt, versucht aber auch zu diskutieren.

03 Woraufhin der schwarze Galgo deutlich macht, dass er der Chef im Ring ist.

04 Der extrovertierte Galgo akzeptiert die Ansage des Machers.

05 Der schwarze Galgo hat seinen Status klar gemacht und sie trennen sich.

EXKURS

TIERGESTÜTZTE ARBEIT UND DAS MODELL

Tiergestützte Arbeit funktioniert, weil Hunde unvoreingenommen sind und selbst die kleinsten Regungen in uns wahrnehmen. Sie spiegeln unser Verhalten und unsere Gefühle durch umgehende Reaktion wider und nehmen auch Widersprüche wahr.

Wir kommunizieren ständig mit unserem Körper – ob wir wollen oder nicht. Und genau das spüren Hunde. Sie merken sofort, ob wir uns unbehaglich fühlen, unsicher sind oder entspannt. Ihre Reaktion darauf ist ehrlich und unverfälscht, sie spiegeln uns, ohne zu bewerten. Die Begegnung mit einem Tier ist daher eine unbestechliche Gelegenheit, sich selbst besser kennenzulernen, die eigenen Muster und Glaubenssätze zu hinterfragen, Strategien in Konflikten zu überprüfen, den angewandten Führungsstil zu hinterfragen und wertvolle Erkenntnisse für den Umgang mit Menschen zu gewinnen. Deshalb ist es auch sehr erhellend für Führungskräfte oder Teams, das Modell mit Hunden als Co-Trainer in Coachings und Seminaren zu erleben. Egal ob bei Führungskräftetrainings, Managerseminaren, Teamcoachings und Einzelcoachings für Persönlichkeitsentwicklung, die Hunde liefern die praktische Umsetzung und Reflexion des Gelernten. Durch dieses ungewohnte Setting fällt es wesentlich leichter, alte Muster zu durchbrechen, neue Verhaltensweisen auszuprobieren und persönliche Grenzen zu überwinden.

WARUM SIND HUNDE GUTE CO-TRAINER?

Hunde sind Gruppentiere – sie brauchen ein soziales Miteinander. In solchen Gruppen sind Vertrauen, Sicherheit und Souveränität essenziell, damit sich die Mitglieder aufeinander verlassen können. Genau das macht Hunde zu idealen Co-Trainern: Sie besitzen eine außergewöhnliche Lernbereitschaft, Teamfähigkeit und Sozialkompetenz. Sie nehmen kleinste Veränderungen und Stimmungsschwankungen bei ihrem Gegenüber wahr, und ihre hohe Anpassungsfähigkeit und emotionale Intelligenz machen sie nicht nur zu treuen Begleitern, sondern auch zu Lehrmeistern für Kommunikation und Führung.

In unserem Modell beschreiben die vier Verhaltensstile, wie wir Menschen kommunizieren, führen und mit Herausforderungen umgehen. Und in der tiergestützten Arbeit können Hunde und Pferde helfen, diese Persönlichkeitsmerkmale sichtbar zu machen, da auch Tiere charakteristische Verhaltensweisen zeigen, die den vier Stilen entsprechen.

Mini hat gelernt, Würstchen zu tragen. Ein guter Trick, um in der Jugendpsychatrie den Patienten ein Lächeln zu entlocken.

Wir können die vier Stile für die praktische Erfahrung im Umgang mit dem Modell nutzen. Genau hier wird es besonders spannend:

— Macher-Menschen neigen dazu, schnell Entscheidungen zu treffen und direkt zu handeln. Ein Hund reagiert darauf entweder mit Respekt oder Widerstand – je nach Klarheit und Fairness der Führung.
— Extrovertierte Hunde sind kontaktfreudig, verspielt und leicht ablenkbar. Eine Teamplayer-Führungskraft (die Wert auf Harmonie und Geduld legt) könnte Schwierigkeiten haben, sich durchzusetzen, wenn ihre „Mitarbeiter-Hunde" quirlig und wenig kontrollierbar sind.
— Teamplayer-Menschen wirken ruhig und ausgleichend, was Tiere oft schätzen. Doch wenn eine T-geprägte Führungskraft auf einen energiegeladenen E-Hund trifft, kann es herausfordernd sein, klare Grenzen zu setzen.
— Gewissenhafte Hunde brauchen Struktur und Zeit, um eine Aufgabe zu verstehen. Eine Macher-Führungskraft, die auf G-Hunde trifft, könnte ungeduldig werden, weil diese Hunde erst eine klare Anleitung benötigen, bevor sie handeln.

Genau diese Konstellationen machen tiergestützte Führungstrainings so wertvoll. Nach einer Übung ist es besonders aufschlussreich, den Klienten zu fragen: Mit welchem Hundetyp fiel es dir leichter, dich durchzusetzen? Welche Hunde ließen sich am einfachsten motivieren? Welchen der Hunde hättest du gerne als Mitarbeitenden, welchen gerne als Freund und welche Gründe gibt es dafür? Die Antworten liefern nicht nur wertvolle Erkenntnisse über die eigene Führungspersönlichkeit, sondern auch über den Umgang mit unterschiedlichen Teammitgliedern im Arbeitsalltag oder in Beziehungen im privaten Kontext. Wir sehen im Coaching mit einem Hund oder Pferd, was für uns herausfordernd ist und dies zeigt, wo in der Persönlichkeitsreflexion Entwicklungspotenzial liegen kann.

ZUM ABSCHLUSS UND ZUM NEUANFANG

Die Reise, die wir gemeinsam begonnen haben, neigt sich dem Ende. Es fühlt sich seltsam an, zuerst war dieses leere Blatt Papier und nun ist es ein ganzes Buch voller Gefühle geworden. Ihr, meine Lesenden, seid, ohne euch real zu kennen, zu meinen Reisebegleitern geworden. In meinen Gedanken und Formulierungen seid ihr quasi wie in einem meiner Vorträge vor mir gesessen und habt zugehört und Fragen gestellt. Man schreibt solch ein Buch ja nicht für sich selbst, sondern für die Hundehaltenden, die sich für die Gemeinschaft Hund und Mensch interessieren. Nun heißt es, sich zu verabschieden.
Ich hoffe, ich konnte euch auf neue Gedanken bringen, euch neue Ideen geben und euch euren Zielen näherbringen. Vielleicht seht ihr euch und euren Hund jetzt mit anderen Augen oder mit den gleichen Augen und einer zusätzlichen Brille?

Es gibt wenige Beziehungen, die so viel Nähe und Gefühle wie die zum eigenen Hund in uns erzeugen. Frustration, Wut, Schmerz, Trauer, Unsicherheit, Schuld, Dankbarkeit, Zufriedenheit und oft unendliche Liebe – all das bringt dieses Tier in unser Leben. Ein Leben sollte gelebt werden, und wenn wir es zulassen, kann so ein Hund unser Leben und uns selbst verändern ... und wir auch seines. Das wünsche ich euch: Das pralle Leben mit allen Facetten und diesem Typen an eurer Seite, der euch mitreißt, durcheinanderwirbelt und in guten wie in schlechten Zeiten neben euch durch die Wälder läuft.
So eine Beziehung ist kein Training auf einem Hundeplatz. Unser Hund lernt uns 24/7 kennen und nimmt uns als die Person wahr, die wir wirklich sind und nicht als die Person, die wir auf dem Hundeplatz sind. Er kennt uns mit all unseren Stärken und Schwächen. Umso wichtiger kann es sein, sich selbst zu entwickeln und sich genau zu überlegen, wie man diese Gemeinschaft leben will.

Geht gelassen Schritt für Schritt, vertraut euch selbst und eurem Bauch und falls der Bauch grummelt und nicht weiter weiß, sucht euch Hilfe bei guten Hundetrainer*-innen, die euch als System wahrnehmen. Frust ist bei einer Entwicklung und in Beziehungen normal, ein Auf und Ab auch. Nur so können wir lernen und die Beziehung verbessern. Ein Streit zwischendurch muss nicht die Beziehung infrage stellen, sondern gibt Raum für neues Justieren und hilft oft dabei, sich klar zu werden, was man möchte und was nicht. Man muss sich mit manchem abfinden, aber nach meiner Erfahrung kann man auch vieles verändern, wenn man es gemeinsam angeht.

In diesem Sinne: Packt es an, ich wünsche euch viel Spaß dabei und hoffe, wir sehen uns einmal im „echten Leben".

Eure Christel

SERVICE

LITERATUR

Gay, Friedbert und Debora Karsch: **Das persolog®Persönlichkeitsprofil.** Gabal 2019

Geier, Prof. John G. und Prof. Dorothy E. Downey: **persolog®Persönlichkeitsmodell.** Trainerleitfaden Teil 1. persolog

Fuchs, Helmut und Andreas Huber: **Die 16 Lebensmotive.** dtv 2002

ZUM WEITERLESEN

Brede, Nora; Ute Heberer und Normen Mrozinski: **Aggressionsverhalten beim Hund.** Kosmos 2017

Brede Nora und Ute Heberer: **Problem Hund.** Kosmos 2025

Grote, Maren: **Hunde lesen lernen.** Kosmos 2022

Grote, Maren: **Hunde fühlen & anleiten.** Kosmos 2024

Grote, Maren: **Frust lass nach!** Kosmos 2025

Heberer, Ute; Katja Schumacher und Anna Pietschmann: **Angst beim Hund.** Kosmos 2024

WEBINARE

Viele spannende Themen und Autor*innen findest du in unseren Online-Kursen und Online-Seminaren. Ob live oder als Aufzeichnung: hier dreht sich alles um den Hund (www.kosmos.de).

SOCIAL MEDIA

Du möchtest wissen, was los ist? Storys, Webinar-Ankündigungen, Zitate, Buchclips, Gewinnspiele, Take over unserer Autor*innen und vieles mehr findest du unter **instagram.com/kosmos.hund und unter facebook.com/Kosmos.Hund** Folge uns und werde Teil unserer Kosmos-Hund-Community.

ÜBER DIE AUTORIN

Christel Löffler ist langjährige Hundetrainerin, zertifizierter systemischer Coach sowie zertifizierte DISG-Trainerin und -Ausbilderin. Seit dem Jahr 2000 führt sie die Firma „Dialog zwischen Mensch und Tier". Sie bietet Seminare, mehrtägige Kompaktcoachings und Einzeltrainings für Menschen mit Hunden an.
In Deutschland, Österreich und der Schweiz leitet sie Seminare und Workshops für Hundetrainer*innen und hält Vorträge auf Konferenzen und Symposien. Vor Ort oder online bietet sie Supervision für Hundetrainer*innen an.
Darüber hinaus coacht sie Führungskräfte und bildet Coaches und Therapeut*innen in tiergestützter Arbeit weiter.
Ein besonderes Angebot ist ihre Weiterbildung zum systemischen Hundecoach – eine fundierte Verbindung von Hundetraining und systemischem Coaching.

Weitere Informationen findest du unter:
www.dialog-mensch-tier.de

DANK

Dieses Buch zu schreiben hat mir viel Freude bereitet und ich habe tolle Menschen kennengelernt. Danken möchte ich dem gesamten Kosmos Verlag, der mir ermöglicht hat, dieses Buch zu schreiben und mich jederzeit unterstützt hat. Ein besonderes „Danke" geht dabei an Hilke, die mir kompetente Lektorin, liebevolle Begleitung und Mutmacherin war. Aber ein Buch kostet auch Zeit und Nerven. Deshalb möchte ich mich besonders bei meinem Mann bedanken, der mir immer den Rücken freihält und mein Fels in der Brandung ist. Meine Schwester, meine Freunde, meine Mitarbeiter*innen und meine Kolleg*innen haben sich mit Probelesen, Bilder machen, Arbeit abnehmen oder mich freundlich vorwärts schupsen bewährt. Danke euch allen!
Dank gebührt meinen Kund*innen und ihren Hunden. Ihr habt mich zu diesem Buch inspiriert.
Mein letzter Dank geht an meine Eltern. Sie haben mir beigebracht, jedes Lebewesen wertzuschätzen.

AUFLÖSUNG DER TESTS

FRAGEBOGEN ZU VERHALTENSDIMENSIONEN – S. 32/33

1.
E Ich rede gerne und viel.
M Führung übernehmen fällt mir leicht.
G Ich handle stets taktvoll.
T Ich komme gut mit Menschen aus.

2.
G Selbstbeherrschung ist eine meiner Stärken.
E Ich blicke optimistisch in die Zukunft.
T Ich zeige meinem Gegenüber Höflichkeit und Zuwendung.
M Initiative zu ergreifen, fällt mir leicht.

3.
T Ich zeige anderen gegenüber Verständnis.
M Entscheidungen treffe ich schnell.
E Lachen ist ein wichtiger Teil meines Lebens.
G Diplomatie ist mir nicht fremd.

4.
G Zurückhaltung ist Teil meiner Natur.
E Ich strahle Lebensfreude aus.
T Ich helfe anderen gerne.
M Ich bin zielorientiert und effektiv.

5.
M Wettbewerb spornt mich an.
G Regeln zu befolgen, ist mir wichtig.
E Meistens bin ich gut gelaunt.
T Teilen ist für mich selbstverständlich.

6.
E Kontaktfreudigkeit zeichnet mich aus.
G Ordnung ist mir wichtig.
T Lob verteile ich gerne.
M Ich möchte schnell Fortschritte erreichen.

7.
M Ich habe eine starke Willenskraft.
T Aufrichtigkeit gegenüber anderen ist mir wichtig.
E Ich bin gerne in Gesellschaft.
G Detaillierte Planung ist mir wichtig.

8.
E Ich bin aufgeschlossen.
G Ich analysiere gründlich.
M Ich stehe für meine Überzeugungen ein.
T Ich bin freundlich zu anderen.

9.
E ich gehe mit Spaß und Elan an Dinge heran.
M Gewinnen ist mein Ziel.
G Ich denke nach, bevor ich spreche.
T Ich zeige anderen gegenüber Respekt.

10.
G Ich arbeite genau und korrekt.
E Ich mag es, von Menschen umgeben zu sein.
T Ich teile gerne mit anderen.
M Ich trete selbstbewusst auf.

Ich bin …

11.
E gesprächig
G präzise
M energisch
T unterstützend

12.
G zurückhaltend
T nachsichtig
E glücklich
M urteilsfähig

13.
T sanftmütig
E charmant
G kritisch
M tatkräftig

14.
E kontaktfreudig
G durchdenkend
M fordernd
T rücksichtsvoll

15.
E inspirierend
G systematisch
M strebsam
T kooperativ

16.
E freundlich
M führend
G pünktlich
T geduldig

17.
M bestimmend
E spielerisch
T herzlich
G bescheiden

18.
T respektvoll
M souverän
G gewissenhaft
E sympathisch

19.
M mutig
T verständnisvoll
G unaufdringlich
E witzig

20.
E unterhaltsam
G sorgfältig
M direkt
T unterstützend

ZUORDNUNGSTEST S. 40

Der Macher bevorzugt schnelle und zielorientierte Mahlzeiten, daher könnte er sich für Fast Food oder die Nutzung der Mikrowelle entscheiden. Wenn er jedoch geschäftliche Angelegenheiten mit dem Essen verbindet, wählt er möglicherweise ein gehobenes Restaurant und hat dabei einen Kunden dabei, um Arbeit und Vergnügen zu verknüpfen.

Die Extrovertierte genießt vielfältige kulinarische Erfahrungen. Mal entscheidet sie sich für italienische, finnische oder afrikanische Küche und hat gerne ihre Freunde dabei. Wenn sie selbst kocht, verwendet sie gerne orientalische Gewürze und experimentiert mit neuen, ausgefallenen Gerichten. Hauptsache immer mal wieder etwas Neues und Spannendes.

Der Teamplayer schätzt regelmäßige Mahlzeiten mit seiner Familie, bei denen es vor allem darauf ankommt, dass es allen schmeckt und sich alle wohlfühlen.

Die Gewissenhafte kocht nach Rezept und ist diejenige, die einen Messbecher benutzt und sich mit den verschiedenen Nährstoffen der Lebensmittel auskennt. Für sie ist es wichtig, dass die Qualität gesichert ist. Das heißt, in Restaurants geht sie tendenziell in Altbewährtes und wählt auch gerne immer das gleiche Menü.

FRAGEBOGEN: WIE REAGIERT DEIN HUND? – SIEHE S. 66/67

1. Unbekannter Besuch kommt

G Er bleibt auf seinem Platz liegen, da er weiß, dass dies deine Regel ist.
E Er freut sich, bellt freudig und drängt sich in den Mittelpunkt.
M Er bellt und knurrt, verhält sich eher kontrollierend.
T Er freut sich, ist aber eher zurückhaltend, vor allem bei Fremden.

2. Neues lernen

T Er ist bestrebt, alles richtig zu machen.
E Er versteht sehr schnell und setzt um. Wird es ihm langweilig, beginnt er Unsinn zu machen. Er lässt sich schnell ablenken.
M Er macht sein Ding, es sei denn, er sieht einen Vorteil, eine Herausforderung darin.
G Er braucht eher lange, bis er es gut umsetzen kann, bleibt aber ausdauernd bei der Sache.

3. Begegnung mit anderen unbekannten Hunden

M Er ist tendenziell gestresst und versucht, zu dominieren. Er schränkt z. B. in der Bewegung ein (stoppt Dynamik).
E Er ist völlig verspielt.
G Er ist eher zurückhaltend und desinteressiert.
T Er ist zurückhaltend, aber interessiert und sucht freundlichen Kontakt.

4. In seiner eigenen Hundegruppe, die bei ihm lebt (Mehrhundehaltung oder sehr gute Freunde)

T Er ist der zurückhaltende und liebevolle Kümmerer.
E Er drängt sich immer in den Mittelpunkt und spielt gerne.
G Er ist der zurückhaltende, der gerne Distanz wahrt.
M Er regelt vieles und überwacht gerne.

5. Bei sich wiederholenden Aufgaben (20-mal Sitz und Platz)

M Er verliert die Geduld, geht einfach weg und verweigert die Mitarbeit.
G Er macht immer mit und versucht, es perfekt zu machen.
T Er möchte es richtig machen und bleibt dabei möglichst nahe am Menschen.
E Ihm wird schnell langweilig und er kaspert herum.

6. Motivation

M Ihn motivieren Herausforderungen und das Regeln von Situationen.
T Ihn motiviert das Lob seines Menschen, also äußere Motivation.
E Ihn motiviert Spaß (Bewegung, Abwechslung, Dynamik) und Leichtigkeit.
G Ihn motivieren klar umrissene Aufgaben, die perfekt ausgeführt werden.

7. Entscheidungen im Alltag

G Er hält sich an Regeln.
M Er ergreift gerne die Initiative und zeigt Führung.
T Er zeigt eine natürliche Bereitschaft, sich unterzuordnen.
E Er trifft schnell Entscheidungen.

8. Vorlieben und Veränderung

E Abwechslung bereitet ihm Freude.
G Er schätzt Regeln und Routine.
T In Konfliktsituationen zeigt er sich schnell kompromissbereit.
M Konflikte meidet er nicht.

9. Soziale Eigenschaften

M Er ist willensstark.
E Er ist gesellig.
T Er achtet auf die Bedürfnisse anderer.
G Er ist pflichtbewusst.

10. Erwartungen

T Er möchte sich geliebt und in seiner Gruppe sicher fühlen.
M Unabhängigkeit ist ihm wichtig; er möchte geführt, aber nicht kontrolliert werden.
E Spaß und Gemeinschaft mit Menschen oder Hunden machen ihn glücklich.
G Er möchte alles richtig und möglichst perfekt machen. Routine gibt ihm Sicherheit.

11. – 15. Charaktereigenschaften – welche Begriffe passen zu deinem Hund?

M Tatkräftig
E Charmant
T Loyal
G Gehorsam

G Zurückhaltend
M Energisch
T Gutmütig
E Einfallsreich

E Neugierig
G Vorsichtig
M Abschreckend
T Abwartend

E Spontan
M Hartnäckig
T Freundlich
G Pflichtbewusst

E Gesellig
M Tonangebend
G Kritisch
T Tolerant

REGISTER

A

Angst 95 ff.
Antreiber 25 f.
Archetypen, mehrere 41 ff.
Alter, Mehrhunde 147
Aufgabenbewältigung, Mensch 38 f.
Authentizität 15

B

Bedürfnisse 11, 23
Bedürfnisse, Hund 64 f.
Bedürfnisse, Training 92 f.
Berufe, typische 38 f.
Beschäftigung 112 f.
Bewegung, Hund 64 f.
Beziehung 10 ff., 50
Beziehungsgleichgewicht 24
Bindung, emotionale 11

C

Charakter, Mehrhunde 149
Charaktere, rassetypische 52
Charaktertyp 15

D

Dramadreieck 102 ff.
Dramadreieck, Ausstiegsstrategien 103
Dynamiken, psychologische 102 ff.

E

Emotionen 14
Erwartungen 23
Extrovertierte, Bedürfnisse Hund 92
Extrovertierte, Furcht 98
Extrovertierte, Hund 56, 72 ff., 82
Extrovertierte, Jagen 108 f.
Extrovertierte, Leinenpöbeln 118
Extrovertierte, Mensch 17, 35
Extrovertierte, Motivation 155
Extrovertierte, Stärken Hund 92
Extrovertierte, Training 92
Extrovertierte/Gewissenhafte 42
Extrovertierte/Macher 42
Extrovertierte/Teamplayer 42

F

Fähigkeiten 20
Farbtypen 16
Fragebogen, Reaktion Hund 66
Fragebogen, Verhaltensdimensionen Mensch 32
Freundschaft 87
Frustrationstoleranz 105 ff.
Führung 123 ff.
Furcht, vor Menschen 96 ff.
Fürsorge 103

G

Gefühle spiegeln 132
Gegenüber erkennen 45
Gehorsam 106 f.
Genetik 51
Gesundheit 134 ff.
Gewissenhafte, Bedürfnisse Hund 93
Gewissenhafte, Furcht 101
Gewissenhafte, Hund 57, 78 f., 84
Gewissenhafte, Jagen 111
Gewissenhafte, Leinenpöbeln 121
Gewissenhafte, Mensch 17, 37
Gewissenhafte, Motivation 157
Gewissenhafte, Stärken Hund 93
Gewissenhafte, Training 93
Gewissenhafte/Extrovertierte 44
Gewissenhafte/Macher 44
Gewissenhafte/Teamplayer 45
Glaubenssätze 25 f.
Grenzen setzen 130
Grundangst, Mensch 38 f.
Grundbedürfnis, Mensch 38 f.
Gruppe 11

H

Herausforderungen 30
Hilflosigkeit 96

I

Impulskontrolle 105 ff.

J

Jagdverhalten 105

A

Kerneigenschaften, Mensch 38 f.
Kommunikation 123
Konflikte 30, 38 f., 131
Konfrontation 104 f.
Konstellationen, Mensch-Hund 138 ff.

L

Leinenpöbeln 116 ff.
Leinenpöbeln, Training 118 f.

M

Macher, Bedürfnisse Hund 92
Macher, Furcht 97
Macher, Hund 56, 68 ff., 81
Macher, Jagen 106 f.
Macher, Leinenpöbeln 118
Macher, Mensch 16, 34
Macher, Motivation 154
Macher, Stärken Hund 92
Macher, Training 92
Macher/Extrovertierte 41
Macher/Gewissenhafte 41
Macher/Teamplayer 41
Mehrhundehaltung 146 ff.
Mensch-Hund-Beziehung 11
Mensch-Hund-Team, Konstellation 138 ff.
Mischung, Archetypen 41 ff.
Modelle 28 ff., 166 f.
Motivation, Hund 64 f.
Motivation, Mensch 38 f.
Motivation, Training 152
Motivationsmuster 30

O

Opferrolle 102 f.

P

Partnerkenntnis 24
Passung 151
Persönlichkeit 25
Persönlichkeit Hund 48, 80
Persönlichkeit, Mensch 12
Persönlichkeitsvielfalt 20
Pöbeln, Leine 116 ff.

R

Retter-Rolle 102 f.

S

Schwächen 20 ff.
Schwächen, Hund 64 f.
Selbstbeherrschung 105 f.
Selbsteinschätzung 30
Selbsterkenntnis 24
Selbstreflexion 22
Selbstreflexion, Test 46
Selbstsicherheit 106
Stärken 20 ff.
Stärken, Training 92 f.
Stressreaktionen, Mensch 38 f.
Suchtverhalten 108

T

Täterrolle 102 ff.
Teamplayer, Bedürfnisse Hund 93
Teamplayer, Furcht 100
Teamplayer, Hund 57, 76 f., 83
Teamplayer, Jagen 111
Teamplayer, Leinenpöbeln 120
Teamplayer, Mensch 17, 36
Teamplayer, Motivation 156
Teamplayer, Stärken Hund 93
Teamplayer, Training 93
Teamplayer/ Extrovertierte 43
Teamplayer/Gewissenhafte 43
Teamplayer/Macher 42
Tiergestützte Arbeit 166 f.
Tierschutz 95
Training 90 ff.
Training, Hund 64 f.
Training, Leinenpöbeln 118 f.
Training, Motivation 152
Trainingsansätze 91 f.

U

Übung: Zauberer und Fee 126
Umgang, mit anderen Hunden 64 f.
Umgebung, natürliche 20
Unsicherheit 95 ff.
Ursache, Leinenpöbeln 116

V

Veränderung 21, 50
Verhaltensdimensionen Mensch, Fragebogen 32
Verhaltensmuster 52 f.
Verhaltensstrategien, Mensch 144 f.
Verhaltenstendenzen, Hund 50 ff., 64 f.
Verhaltenstypen 29
Verhaltenstypen, Hund 68 ff.
Vier-Typen-Modell, Vor- und Nachteile 30
Vier-Typen-Persönlichkeitsmodell 14 ff.
Vorgesetzte 127

W

Weiterentwicklung 21
Werte 25
Werte, persönliche 38 f.

Z

Ziele, Hund 64 f.
Ziele, Mensch 38 f.
Zucht 51
Zuordnungstest, Mensch 40

BILDNACHWEIS

200 Farbfotos wurden von Anna Auerbach/Kosmos für dieses Buch aufgenommen. Weitere Farbfotos von Jessica Eschweiler (2: S. 96, 150), Martina Kaup (1: S. 104), Christel Löffler (4: S. 45, 59, 95), Andrea Schrag (9: S. 31, 109, 132, 136, 137, 148 u.), Britta Schumann (1: S. 63), Diana Schwettmann (4: S. 42, 43, 108, 109 o.li.), Shutterstock (5: S. 40: KucherAV o.li., LightField Studios o.re., Prostockstudio u.li., Drazen Zigic u.re., S. 128: BIGANDT.COM).

Mit fünf Illustrationen von Hanna Wenzel/Kosmos und einer Illustration von Shutterstock/Invasi Studio (1: S. 47).

IMPRESSUM

Umschlaggestaltung von Claudia Adam Graphik-Design, Darmstadt, unter Verwendung von zwei Farbfotos von Trio Bildarchiv/Ria Putzker (Vorderseite) und Anna Auerbach/Kosmos (Rückseite).

Mit 226 Farbfotos und 6 Illustrationen.

Alle Angaben in diesem Buch erfolgen nach bestem Wissen und Gewissen. Sorgfalt bei der Umsetzung ist indes dennoch geboten. Der Verlag und die Autorin übernehmen keinerlei Haftung für Personen-, Sach- oder Vermögensschäden, die aus der Anwendung der vorgestellten Materialien, Methoden oder Informationen entstehen könnten.

Unser gesamtes Programm finden Sie unter **kosmos.de**.
Über Neuigkeiten informieren Sie regelmäßig unsere
Newsletter, einfach anmelden unter **kosmos.de/newsletter**

Gedruckt auf chlorfrei gebleichtem Papier

ISBN 978-3-440-17920-8
Redaktion: Hilke Heinemann
Gestaltungskonzept: Peter Schmidt Group GmbH, Hamburg
Gestaltung und Satz: Atelier Krohmer, Dettingen/Erms
Produktion: Angela List
Druck und Bindung: Westermann Druck Zwickau GmbH, Zwickau
Printed in Germany / Imprimé en Allemagne

FSC
www.fsc.org
MIX
Papier | Fördert gute Waldnutzung
FSC® C110508